青芒

放轻松，没有什么大不了

[英]妮古拉·摩根　著

韦俊超　麦锦丽　译

江苏凤凰教育出版社
Phoenix Education Publishing, Ltd

图书在版编目（CIP）数据
放轻松，没有什么大不了 / （英）妮古拉·摩根著；
韦俊超，麦锦丽译. -- 南京 ： 江苏凤凰教育出版社，
2025. 5. -- ISBN 978-7-5743-1777-2
Ⅰ. B842.6-49
中国国家版本馆CIP数据核字第2025E08C53号

FANG QINGSONG MEIYOU SHENME DABULIAO
书　　名　放轻松，没有什么大不了
著　　者　[英] 妮古拉·摩根
译　　者　韦俊超　麦锦丽
责任编辑　姬越蓉
装帧设计　许　畅
责任印制　石贤权
出版发行　江苏凤凰教育出版社（南京市湖南路 1 号 A 楼　邮编：210009）
苏教网址　http://www.1088.com.cn
印　　刷　南京新世纪联盟印务有限公司
厂　　址　南京市江宁区诚信大道 88 号华瑞工业园 7 栋
开　　本　850 毫米 × 1168 毫米　1/32
印　　张　8.5
版　　次　2025 年 5 月第 1 版
印　　次　2025 年 5 月第 1 次印刷
书　　号　ISBN 978-7-5743-1777-2
定　　价　65.00 元
网店网址　https://jsfhjycbs.tmall.com
公 众 号　苏教服务（微信号：jsfhjyfw）
邮购电话　025-85406265，025-85400774
盗版举报　025-83658579

目录 contents

前　言　005

第一章
焦虑与你　011

第二章
关于焦虑的一切　033

第三章
策略和解决方法　077

写在最后　250

那些关于焦虑的故事　253

致　谢　266

后　记　267

前　言

这本书与你

世界上大约有 80 亿人，每个人有着不同的担忧、过着不同的生活、拥有不同的资源，他们的大脑对担忧会产生不同的反应。就此刻而言，在这几十亿人中，你自己是最为重要的。本书就是为你而写。一个成年人的大脑大约拥有 1 000 亿个神经元，它们以每个人独有的方式连接在一起，形成了脑海中的想法、担忧、恐惧和梦想。

也许你是一个经常为小事焦虑的人，也许你担心那些永远不会发生的大事，或者你对某些事情的焦虑程度超过了其他人。无论你拥有什么样的性格，无论你的思维方式如何，也无论让你担心的事情大小与多少，我的目标都是帮助你勇敢、自信、明智、健康地生活。我会告诉你，尽管你的焦虑有时如洪水猛兽般袭来，但是你比它们更强大，你比它们更具价值，并且你可以应对它们。

《放轻松，没有什么大不了》将减轻你的担忧，让你重获力量。

也许你正在经历一件非常可怕的事情——这件事情让你焦虑、恐惧、苦恼。你可能会认为这件事严重到无法处理，并且这个感觉会一直存在，但你没有力量去应对。我会让你看到，即使你无法改变周围正在发生的事情，你也可以改变自己的应对方式。你甚至可以在这段经历中成长，变得更加强大，为你的未来做好准备。

《放轻松，没有什么大不了》将帮助你尊重自己，承认自己正在经历一些艰难的事情，但终究会成功渡过难关，看到前方的光明。

即使你自己算不上是一个容易焦虑的人，你也很可能和那些饱受焦虑之苦的人生活在一起，你在乎他们、关心他们，想知道如何理解和帮助他们。本书将帮助你了解关于焦虑的一切，例如焦虑对人的影响以及如何帮助你所关心的人应对焦虑——当然，首先包括你自己。

《放轻松，没有什么大不了》不是一根魔法手杖，它不能改变已经发生在你身上的事情，但是它比魔法手杖更神奇——它会改变你自己。你将学会直面你所焦虑的事情，并对自己说，即使是再强烈的焦虑，也不能压垮你，更不能阻止你过上美好、幸福、有意义的生活。

这本书与我

我决定写《放轻松，没有什么大不了》这本书有三个原因。首先，根据牛津大学出版社发布的一项调查结果，2021 年“焦虑”一词成为年轻人在谈论健康和幸福时最常用的词。这让我很担忧，好在我有解决办法，所以我想与你们分享。

其次，我相信很多人在面对焦虑本身时，有太多的焦虑。其实换一种方式看待焦虑，可以帮助他们更积极、更有效、更幸福地管理自己的生活。

再次，我自己也很容易焦虑，但多年来我学到了大量控制焦虑的方法。我逐渐理解了其中的科学原理，并将焦虑视为人类经验的一个重要组成部分。但如果我们想过上更好的生活，就真的需要学会管理焦虑。这并不总是那么容易，但就像学习任何技能一样，只要我们采取正确的步骤，就能很好地掌握它。

凑巧的是，当下我的生活中正发生着一件让我非常焦虑的事情，但我一直在提醒自己：当有令人痛苦的事情发生时，我可以焦虑。焦虑是正常的、自然的、正当的，这是我的大脑和身体做出的完全正确的反应，我所要做的就是管理好我的呼吸、心率和我的身体做出的其他所有反应，我会没事的。你可以在第 37 页和第 253 页阅读更多关于我个人经历的内容。

焦虑的问题不在于焦虑本身，而在于焦虑者如何做出反应，这本书将帮助你改变和改善做出的反应。写这本书，也促使我自己应对焦虑的能力有所提升，尤其是在我经历极度的焦虑和压力时。我曾以为我对有关焦虑的一切了然于胸，但现在，我发现还有更多需要学习的地方。我们都一样，需要一直学习！

本书将如何帮助你

《放轻松，没有什么大不了》将告诉你如何理解焦虑，了解它是什么以及它会做什么。我会让你看到，焦虑并不是我们的敌人。它更像是一只“护卫犬”，有时会对错误的事情做出反应，或者反应过度。有时，它忘记了自己本该守护的人是谁，转而冲着主人——也就是你——咆哮，令你感到害怕或痛苦。它之所以这样做，要么是因为它经历过不好的事情——这不是它的错；要么是因为它还没有得到很好的训练。我将向你展示如何与你的“护卫犬”合作并训练它，使它能够完全与你协调一致，保护你的安全，让你自信而充实地享受生活。

尽管由焦虑引起的精神与身体症状让人感觉不舒服，但焦虑本身并不是一种疾病。如果一段时间过后，焦虑真的阻碍了你过上更好的生活，它才有可能发展成一种疾病——焦虑症。你将在本书中了解更多关于这方面的知识。

人们很难分辨什么时候健康合理的焦虑会发展成疾病。有些人只是感觉不舒服，便认为自己生病了——因为焦虑总是让人感觉不舒服。判断自己的焦虑是否在可接受或适当的范围内、是否需要专业帮助，或者是否可以自己解决，并不是一件容易的事情。本书将帮助你做出合理的判断。

本书的结构

在阅读本书的旅途中，你将经历三个主要部分。

第一章：焦虑与你

你将仔细观察，焦虑在你的生活中扮演的角色是较大还是较小？你目前正在为哪些事情感到焦虑？你的焦虑是持续的还是由某些具体事件引发的？如何判断焦虑何时会成为问题，何时会变得过度？每个人的情况不同，因此这一章将帮助你了解相较于你身边的一些人，你自己的处境是什么样子的。需要注意的是这里不存在比较！无论你受到焦虑的影响是严重还是轻微，你都是无比重要的，而我可以帮助你。

第二章：关于焦虑的一切

什么是焦虑？当焦虑来临时，一个人的大脑和身体会经历什么？焦虑的生物机理是什么？它是如何影响人的？当你真正了解焦虑时，会有两大好处：第一，你不再把焦虑视为一个可怕的敌人；第二，你会更加理解我为你提供的策略，也更容易坚持下去。

第三章：策略和解决方法

你将学习如何应对焦虑并勇敢面对挑战，还有在你想要或需要放松时能够放松下来的技巧。这是全书篇幅最长也最重要的一部分，但如果你想从本书中充分受益，并能为自己选择正确的策略，你还是需要阅读前面的两个章节。这一章出现了许多富有特色的排版方式，便于你根据个人实际情况快速找到适合的策略，如果你没有阅读前面两个章节，就可能无法理解其中某些内容。

最后，你会读到一些真实的生命故事，故事中的人物慷慨地分享了自己孩童时或成年后的焦虑经历。我希望这些故事能帮助你了解，有时患上令人不快的焦虑症是多么正常和合乎人性，以及我们如何才能成为处理自身反应问题的专家。

总之，你将学会在焦虑变得过度之前识别它，这样你就可以自信地把它放回盒子里——你的“护卫犬”正在它的狗窝里！然后在生活中做到最好。你将学会让自己比焦虑的想法更加强大，并且让平静成为你的“超能力”。

人生就像一座山脉。你可以选择担心每座山峰上可能会出现的意外情况，从而忘记为沿途的壮丽景色感到惊叹。或者，你可以选择在旅途中时刻保持兴奋、拥抱生活、呼吸美妙的空气。你还可以选择回避你所担心的一切，也可以选择抓住每一个机会，带着勇气和激情经历人生的起伏。你或许觉得自己不能选择，但其实你可以。

当焦虑成为你训练有素的“护卫犬”，而不是可怕的怪物时，你就能做到这一点。本书将引导你开展这种训练。

chapter

第一章

焦虑与你

每个人都有焦虑的时候，然而，并不是每个人都能觉察到自己的焦虑，有些人甚至会假装焦虑从未影响过他们。有时，当坏事发生时，人们会把焦虑隐藏起来，当不快过去后，焦虑才随之袭来。要知道，并不是每个人都会因为同样的事情，或者在同样的时间，又或者以同样的方式感到焦虑，但每个人都会在某些时刻体验到焦虑，而且很多人会和你一样，以同样的程度和同样的方式体验到焦虑。在第二章中，你会明白为什么我上面所说一定是真的。现在，让我们先将注意力聚焦在你的身上。

具体来说，让我们把注意力放在当下，而不是漫无边际的地方。你当下的焦虑并不会长久不变以至持续终生，或许甚至都不会持续到明天。它也有可能会在你阅读本书的过程中就发生改变——毕竟我创作本书的初衷就是改变你与焦虑的关系！焦虑是由你周遭之事和头脑所思引起的，而这些事情每时每刻都在发生变化。一切行动的起点就是觉察你当下的感觉。

如果你现在并没有感到特别焦虑，你也可以利用我接下来要问你的问题，在你下次感到焦虑时识别出其征兆。

在我们懂得如何正确辨识一种东西之前，我们是无法真正控制它的，所以我们要首先做到这一点。接下来的几页，我将列出许多请你回答的问题，你需要认真思考。你可以把答案写在纸上或电子屏幕上，也可以仅仅记在脑中。不过，最好不要写在这本书上，因为这些答案都是你的隐私，而别人有可能会在翻阅这本书时不小心看到！

评估焦虑状况的小测试

小测试 1
你是一个严重焦虑者吗？

本测试将帮助你了解自己在“高度焦虑常态”和“高度冷静常态”两极之间的位置。它还能让你感到不那么孤独，因为我可以向你保证，测试中的每一个陈述都是很普遍的。

任何人都会有很焦虑的时候，无论你是谁，都会遇到大大小小的烦恼，都会受到生活事件的影响。如果完全不受影响，我们就不是人类了。

有些人对其他人可能并不会担忧的小事情也会感到十分焦虑；有些人在某些时候显得很平静，但在某些阶段，焦虑会让他们感到无所适从；还有些人比其他人更会隐藏自己的焦虑，但他们的内心仍然十分煎熬。现在，让我们看看你在这两极中所处的位置。

需要注意的是，你现在对这些问题的回答可能与你明天、下个星期或下个月的回答并不完全相同，这是很正常的，因为你的感受和想法时刻都在变化。这个小测试主要是想了解你目前的总体感觉。

请选择最适合你的答案，即使它并不能完全准确地描述你。

1. 与同龄人相比，你认为你的焦虑程度是怎样的？

a. 我似乎总体上比我的朋友和同龄人更焦虑。

b. 我可能比一些人更加焦虑，但比另一些人更少焦虑。

c. 我认为大多数或许多同龄人比我更焦虑。

2. 你感到焦虑对你产生困扰的频率有多高?

a. 我经常或每天都会为某些事情感到焦虑。

b. 我可以很长时间都不会感到焦虑，但也有可能连续很多天感到焦虑。

c. 我偶尔才会被焦虑困扰，比如当我即将参加一场考试时。

3. 你觉得焦虑正在破坏你的生活乐趣吗?

a. 我经常或每天都会感到严重焦虑，有时会因此错失一些机会。

b. 我希望我少一些焦虑，但焦虑并不会阻碍我发挥出最佳水平。

c. 焦虑真的不是一个问题。我只是感到有一点不舒服，但这也是自然的。如果能永远都不焦虑，就太好了!

4. 你经历过惊恐发作吗?

a. 我不止一次感到非常惊恐，严重到我需要逃离当时的处境，那时我觉得自己快要窒息了。

b. 我有时会在非常高压的情况下感到恐慌，但我很快就能控制住自己，也许没有人会注意到。虽然这对我来说不好受，但也称不上世界末日。

c. 确切地说我不会感到恐慌，如果我遇到非常令人担心的事情，比如即将参加一场演出，那我会感到高度紧张，但这并不妨碍我出色地完成表演。

5. 什么样的事情会让你焦虑?

a. 我担心各种各样的事情：说错话、考试不及格、有人不喜欢我、我爱的人可能生病或者我自己可能生病……只要我在新闻中听到一个悲伤的故事，我就会担心它发生在我身上。很多令我焦虑的事情并不会真的发生，它们的模式大多是“万一呢?”。

b. 有一两件事情会让我反复焦虑，但我对其他很多事情并不焦虑。

c. 我焦虑的大多是生活中正在发生的事情。比如有人生病了，或我即将参加考试，或其他令我感到有压力的事情将要发生。我往往不会花太多时间去担心过去的事情或不太可能发生的事情。

6. 你认为你的焦虑在多大程度上是合理的?

a. 我经常觉得我焦虑过度。我可能会因为一件小事变得极其焦虑，而事后我又觉得这很可笑。有时候我把事情讲给别人听，他们会嘲笑我。

b. 我觉得我的焦虑大多是合理的。如果真的有大事发生，我可能会非常担心，但如果只是小事，我的焦虑就会减轻很多。一旦令人紧张的事情过去了，我就会放松下来。

c. 我认为我对身边正在发生的事情所感到的焦虑处于合理水平。很明显，如果发生了让我感觉压力很大的事情，我就会焦虑，但我很快就能控制住局面。我不会因为无法控制的事情而焦虑不安。

7. 与八九岁时相比，你觉得自己现在的焦虑程度如何？

a. 我在八九岁的时候就会焦虑，现在程度更严重了。

b. 在我年龄很小的时候，我的生活就像一场大型游戏——现在我要担心的事情自然更多了。

c. 那已经是很久以前的事了，我不太记得了！但说实话，我觉得我一直以来都是很松弛的。随着年龄的增长，我越来越能够掌控自己的生活。

8. 目前你在生活中是否遇到了一些重大的困难？例如家人生病、自己生病、父母关系破裂、家庭经济危机、罹患精神疾病（你或你身边的人）、学业困难、人际交往问题或其他压力事件。

a. 是的，我正在经历一件令人非常焦虑的事。

b. 不，我没有这些大问题，但我仍有我这个年龄阶段感受到的正常压力，例如考试或有时与家里长辈发生争吵。

c. 不，我现在的生活很好。

9. 你的生活中有偶像、榜样或可以帮助你控制焦虑的人吗?

a. 我的一些朋友和家人都患有焦虑症，我不认为我周围的成年人能够很好地帮助我。

b. 我确实看到周围有些人非常焦虑，但我身边至少有一个亲近的人拥有健康的心态，如果我需要帮助，我可以向其求助。

c. 我很幸运，因为我有可以求助的对象。我的学校、朋友和家人都可以帮助我。

10. 如果能更好地处理焦虑，你会从中受益多少?

a. 我迫切希望减少焦虑——它对我来说确实是一个大问题。

b. 我认为如果我能更好地管理焦虑，我将从中受益。

c. 我的自我感觉很好，但我想多学习一些技能，这样我就可以帮助其他患有焦虑症的人。

你的答案意味着什么？

你可能已经发现，“a”表示高焦虑水平，而“c”表示低焦虑水平。

好消息是，不管你的答案是什么，它们都是完全正常的，并不一定意味着你患有焦虑症。很多人的答案都会和你一样。

你给出的答案中“a”越多，就说明你的焦虑水平越发降低了你的生活质量。这本书会对你有所帮助！你可能会从详尽丰富的专业建议中获益，或者通过本书和周围人的支持来很好地管理焦虑。

答案“b”是多数人能接受的回答，表明你并没有受到焦虑的严重影响。不过，你可能希望自己拥有更轻松的精神状态。虽然焦虑是自然现象，但它并不令人愉快，也会在一定程度上影响身心健康。

如果你对很多问题的回答都是“c”，那你就非常幸运了！与其他人相比，你可能没那么焦虑，这可能存在多种原因：

- ✩ 也许你在生活中没有经历过很多重大的痛苦事件。
- ✩ 也许你拥有许多人的支持和好的榜样。
- ✩ 你可能天生性格平和。
- ✩ 你近期的生活都很顺利。

请珍惜你自身和你生活中的这些积极因素，继续照顾好自己，并阅读本书中的建议。这样一来，当你未来感到焦虑时，或者当你想理解并帮助他人时，你就可以灵活地使用这些建议。

一些思考

* 上面所有的问题都要求你做出个人反应，而你选择如何反应会受到你当时情绪或精神状态的影响。因此，如果你感到焦虑或消极，你的回答可能会比你处在乐观情绪时更加负面。通过阅读本书，你将意识到焦虑更多是关于感知和反应的，而不是针对外部现实的。

* 你的回答不能作为医学诊断的依据。如果你感到担忧，你应该向专业人士咨询。请咨询一位你信任的成年人，跟他们了解你该从何处着手。

如何运用这些见解

学习认识自己是一个很好的起点。它可以帮助你了解自己的焦虑程度和生活压力，学会如何描述和谈论它们。在你阅读本书尤其是第三章时，你会看到很多有益的建议，关于如何让自己感觉更好并用健康的方式应对焦虑。你还可以翻到第 253 页，阅读那些在生活中有过焦虑经历的人们讲述的个人故事，要知道，我们常常会通过更好地理解他人来认识自己。

说一句“放轻松”很容易，但要真正做到这一点，还需要一些练习！如果你天生就容易焦虑，那么不要指望你能得到答案“c”，至少不要指望你能马上得到它们，而是要争取得到更多的答案“b”。本书将帮助你实现这一点。感到焦虑是完全没有问题的，我们要做的就是在焦虑来临时，让它变得可控。在不焦虑的时候，你要允许自己放松并享受生活的乐趣。我们希望训练好你的“护卫犬”，让它做到对着正确的事情咆哮。

现在，让我们来看看你个人对焦虑（无论哪种类型的焦虑）的反应——首先看看你的身体是如何做出反应的，然后是你的大脑。

小测试 2 你的身体是如何对焦虑做出反应的？

焦虑始于大脑，但大脑会影响身体的每一部分。因此，不仅是大脑，你身体的各个部位都会受到影响。我们每个人的反应都会异于他人，但肯定也会与其他人有一些相同的感受。如果你的焦虑体验与你交谈过的人有所不同，也不必感到惊讶或担心。

注意焦虑在你身体中产生的作用是很重要的。在下面的清单中，你可能会发现一些你没有意识到，而其实是由焦虑引起的事情。令人欣慰的是，它们不是严重的疾病，只是身体产生的自然应激反应（你将在第二章了解到更多相关内容）。一旦你注意到这些迹象，你就可以用第三章中的一些策略进行干预，从而避免问题变得严重。你焦虑时产生的具体迹象将会为你指明适用的策略。

在阅读这份清单时，请仔细思考，因为你可能已经出现过这些症状，却没有意识到自己非常焦虑。例如，人们经常担心他们反复出现的头痛或胃痛，但当他们意识到这些症状往往只是由压力引起的，而不是某种严重的疾病时，就会感到惊讶而安心。但是要注意，如果你的身体症状持续数天或更久，一定要去看医生。

当你感到紧张或焦虑时，身体会出现以下哪种情况？例如即将在公共场合表演，参加一场考试或竞赛，出席一个你将会遇到很多人的场合。

a. 我感到恶心，难以进食。

b. 当我吃东西时，我可能会选择非常甜、咸或油腻的东西，如巧克力和薯片。

c. 我会胃痛或腹痛。

d. 我会头痛。即使在紧张的事情过后，我也经常会头痛。

e. 我感到头晕。

f. 我觉得我的心在狂跳或心跳的声音很大。

g. 我需要频繁上厕所。

h. 我感觉我满身是汗，又觉得发冷。

i. 我的双手或手指有些颤抖。

j. 我坐立不安，需要不停地走来走去。

k. 我经常会有皮疹发作。

l. 我感觉呼吸困难。

m. 我发现自己的呼吸比平时快。

n. 我睡不好觉，需要很长时间才能入睡，或者会醒得很早。

o. 有时别人说我看起来压力很大，但我并不觉得自己有什么特别的面部表情。

p. 我有时会惊恐发作。（我将在后文详细介绍相关内容，首先简单表明一点，惊恐发作指你感到非常恐慌以至于你真的觉得自己面临死亡。但是你并不会——这种感受是肾上腺素引起的，而肾上腺素是救命的，并非是威胁生命的！）

请记住，这些都是焦虑的正常反应，不同的人会经历不同的症状群。在了解你的答案意味着什么之前，我们先来看看你对焦虑的心理反应。请记住，你的大脑是身体的一部分，与身体各部位的联系非常紧密。

小测试 3

你的大脑对焦虑会产生什么反应?

上一个小测试呈现了人们在面临考试、表演、社交活动等令人担忧或紧张的情况时通常会出现的身体症状。现在请你想一想，在这些时候你的大脑会出现什么反应?当你担心某件事情时，你会出现以下哪种心理反应?

a. 我无法停止思绪进入睡眠。

b. 我无法放松，一直想着自己必须做的事情。

c. 我的脾气更暴躁，别人更容易激怒我。

d. 我的想法更消极。

e. 消极的想法在脑海中不断盘旋。我总是重复地想同一件事，怎么也摆脱不掉它。

f. 有时，我发现自己在想象可能发生的最糟糕的事情，虽然只是在脑海中上演，但我仿佛已经亲身经历过。这就像一场可怕的噩梦，令我感到非常沮丧。

g. 当一种焦虑出现时，似乎会引发许多完全不同的焦虑——我进入了焦虑期。

h. 我发现自己很难集中精力于学习、工作或别人对我说的话。

i. 我很容易忘记事情或犯错。

j. 我的梦特别奇怪或可怕。

k. 有时我觉得自己快疯了，而其他人都没有这些烦恼。

你的答案意味着什么

以上所有身心症状都是对令人焦虑的事件产生的自然反应，它们都很常见。我保证，你并不孤独。即使你经历的事情没有在上面清单中出现，也一定有人和你拥有相似的经历。当然，尽管这些都是完全自然而常见的反应，但你依然要学会对它们有所控制，以免它们令你不知所措。识别焦虑反应是一个极好的开始，本书将为你提供更多策略性的帮助。只有结合背景看待问题，你才能够真正解决它——此处的背景指一个焦虑的大脑，而不是生病的大脑。还有一个好消息：掌握控制焦虑的策略会对所有因此产生的症状都有帮助，而不仅仅是一两个症状！

一些思考

* 虽然每个人都会经历上述提到的一些焦虑症状，但如果你出现此类迹象过于频繁，就会感到疲惫不堪，你的表现、感受或行为都会受到影响，你的生活可能会被这些不舒服的症状所支配。在本书中，你会发现很多对你有帮助的建议，它们将告诉你如何处理和减轻所有这些不愉快的身心感受。

* 如果你的身体反复出现某种症状，比如恶心、胃痛、头痛或头晕，一定要及时去看医生，这是非常重要的，以防该症状与其他疾病相关。

> ＊ 每张清单上的各项症状，都可以通过练习本书 91—109 页的任何一项“即时操作”策略而得到缓解。特别是某些精心选择的策略，对特定症状更为有益。在第三章，你会发现一些策略被标识为对特定症状尤其有帮助，例如睡眠问题、社交焦虑、负面思维和演讲恐惧。”

关于你的其他重要事项

在很多因素的作用下，你才成为现在的你。这些因素会随着你的生活发生变化，如果你能学会辨识这些因素，就可以有效管理焦虑。有时你能够对这些因素施加控制，而有时它们并不在你的控制范围之内。了解这一点，你就不会因为局面失控而陷入自责。有一天，当你对情况能够有所控制时，你就会感到自己非常有力量。以下是一些需要注意的事项。

你身边的人

我们的生活都有他人参与，有的人周围参与者更多。你的家里会有一个或多个成年人，也许还有兄弟姐妹。如果你在学校，会有与你年龄相仿的人，其中有些是你喜欢的，有些是你不喜欢的，还有老师以及其他年级的学生。如果你热爱参加校外活动，如戏剧或体育活动，你还会接触到年龄范围更广的人。你可能还有其他亲戚和社会关系——祖父母、你父母的兄弟姐妹、表（堂）兄弟姐妹和与家庭来往密切的朋友。此外，你会通过社交媒体、新闻、电视剧或电影看到成百上千的人，你还会在商店、地铁、游乐场等环境中与陌生人交流。

周围的人会影响我们。当我们看到别人焦虑、紧张、悲伤、兴奋、快乐、愤怒或恐惧时，这些情绪会影响到我们，改变我们自身的想法和感受。而这些人离我们越近——无论是身体上还是情感上——这种影响就越强烈。

这种现象在心理学上被称为“乘务员效应”。你有没有在飞机上遇到过气流？飞机颠簸时，大多数人都会感到紧张，此时乘客就会观察机舱乘务员的反应。如果他们继续工作，仍然面带微笑，看起来很轻松，人们就会立刻感觉好一些；如果乘务员看起来忧心忡忡，乘客就会更加担忧。你周围的成年人，包括出现在你的家庭、学校、社交场合以及网络媒体上的人，就是你身边的“乘务员”，如果他们都经常表现得很焦虑，就会影响你。在困难时期，例如在传染病大流行、经济危机或战争期间，成年人尤其需要记住这一点。

你经常与谁共度时光？他们在焦虑和压力方面表现如何？你认为他们的焦虑有时会让你更加焦虑吗？你认为你正在模仿他们的负面行为吗？

我不是在责怪任何人。你周围的人可能正在应对他们所面临的艰难处境，或者他们没有读过这本书，也没有学会如何管理焦虑。他们可能没有意识到自己的言行所产生的影响，有时是因为他们的头脑中充斥着急需处理的事情。我想让你做的只是思考一下：

✩ 谁是你最好的榜样？在你的朋友、家人和老师中，哪些人能冷静高效地处理问题？你希望向他们学习吗？试着花时间和这些人在一起，请他们用冷静务实的行为指导你。另外，如果阅读本书的你是成年人，我希望你能尽最大努力，让自己成为他人的榜样。当然，我知道这并不容易。

✩ 有些人会让你感到更焦虑吗？管理他人的行为不是你的责任，但你能否做到不被他们干扰而享有自己的空间呢？如果他们与你关系很亲密，并且你们需要彼此，那我不能建议你避开他们。不过你需要意识到他们的问题和情绪会影响你，因此你最好确保自己有充足的时间获得正面影响，比如通过参与积极向上的活动平衡你受到的不良影响。

在第三章中，你会找到具体的应对策略，但首先我希望你能意识到，你身边的人正影响着你。如果你被患有焦虑症的人包围，你自己的焦虑程度也可能会加深，这意味着你将更难与自己的"护卫犬"建立良好的关系。

即使你真的身处这种环境，也并非不可能改善自己管理焦虑的能力——只是会更难一些！

你周围发生的事情

如果你现在正在经历一些困难的事情，这显然会加剧你的焦虑。生活中总会发生一些事情，无论是谁遇到都会觉得艰难。有些困难的状况也许只是需要一些时间来修复，但当它们发生时，你依然难免焦虑。因此，你可能会为某一件严峻的事情感到担忧，但与此同时，这种担忧的情绪会弥漫到其他日常事件。

如果你现在正面临以下任何问题，请一定要对自己格外宽容，如果你发现自己存在对主体事件以外的、毫不相关的焦虑，也不要感到惊讶。

✩ 丧亲的悲伤。

✩ 你与父母或其他养育者之间的关系破裂。

✩ 与你关系亲密的人得了很严重的身体疾病或精神疾病。

✩ 你得了身体疾病或精神疾病。

✩ 和某个朋友的友谊出现了问题。

✩ 家庭重大问题，例如经济难以为继、父母或养育者失去工作。

✩ 霸凌，包括网络霸凌。

✩ 被迫无奈搬家。

✩ 去新的学校上学，周围都是陌生人。

无论你正在经历什么，都要确保有你信任的成年人了解你当下面对的情况。有些事情你确实需要特别的帮助，而且你要相信自己能够得到帮助——心理专家的建议是十分有效的，他们擅长解决特定的问题，愿意倾听你的经历并且知道如何恰当地回应你。

请不要独自承受痛苦，独自承受痛苦对管理焦虑无益。

童年不良经历（ACEs）

“童年不良经历”（Adverse Childhood Experiences）描述的是一些人在年幼时遭受了非常负面的事件。证据表明，婴儿或儿童时期经历的这类事件越多，就越有可能受到长期的负面影响，包括焦虑程度的加剧。

童年不良经历主要包括两种类型：

* 直接发生在你身上的事情。例如失去父母其中一方或其他养育者；父母或养育者病重，无法很好地照顾你；遭受霸凌或虐待。

* 发生在你周围的事情。例如你目睹了家庭中的暴力事件；家境贫困；父母或养育者经常酗酒或有其他不良生活习惯。

童年不良经历都有一个共同的特点：它们会降低婴幼儿最需要的安全感。当你还是婴儿或年龄较小的儿童时，你需要一个或多个成年人照料你，以此得到保护，这一点至关重要。之后，他们帮助你逐渐独立，随着你慢慢长大，你才学会自力更生。

有一点你需要了解，童年不良经历并不总是日后出现问题的原因，只是那些糟糕的经历会让你更难感到自信和安全，也更可能让你在大多数情况下感到焦虑。但是，如果你在上学阶段及以后的生活中得到其他成年人的支持，收获良好的友谊，你仍然可以成为一个坚强、自信、勇敢的人。这本书会帮助你！

关键在于，当你意识到曾经的困难经历会影响你现在的焦虑水平时，你就可以做到对自己好一点，不必因为自己比朋友更焦虑、更紧张而陷入自责。

虽然你的焦虑可能是由过往经历造成的，也不在你掌控之中，但我不建议你直接“躺平”，任由焦虑控制你的生活。了解自己的脆弱，才会让自己变得更强大。当你明白事情发生的原因后，你就可以采取措施应对它。

所以，即使你不幸在童年时经历过非常负面的事件，你和支持你的成年人现在也可以做一些事情，使你重获幸福感。焦虑不会像你眼睛的颜色一样一成不变，它只是你的大脑在某些情况下产生的感觉。你可以训练你的大脑以不同的方式来处理它，就像你可以训练你的大脑掌握任何一项技能一样。

向前走

现在，你多了一些自我认知，你对自己与焦虑的关系也有了更多的了解。你甚至可能已经开始感到更加放松，并意识到每个人偶尔都会焦虑——这并不代表你有什么问题。焦虑确实让人感觉很不愉快，但你将掌握足够关于缓解并管理焦虑的知识和技能。如此一来，焦虑就会发挥它的正向功能，而不会控制你。

如果你能更好地控制焦虑，会有什么感觉？在下面这些事项中，哪些是你想要达成的目标？

✩ 在可怕的事情没有真正发生时，我不会一直感到很害怕。

✩ 当我想到一件令人担忧的事情时，我不会感到不知所措。

✩ 我的生活中似乎不再充满各种各样让我恐惧的事情。

✩ 那些令人担忧的事情不会一直在我脑海里盘旋不停。

✩ 我会对生活更加积极乐观。

✩ 我会感到更自信，更有掌控感。

✩ 我能够无忧无虑，享受假期等轻松时光。

✩ 我可以专注于我想要或需要关注的事情。

✩ 我的头脑不会总是充斥着类似“万一……怎么办”的想法。

✩ 我晚上更容易入睡。

✩ 当我对某些事情感到焦虑时，我能够运用一些技巧很好地应对它们。

让我们开始吧！

chapter

第二章

关于焦虑的一切

我希望你能准确地知道焦虑是什么。如果焦虑有正向作用，那会是什么？焦虑有什么样的意义？毕竟我们的大脑和身体所做的事情，几乎都是存在某种意义的。接下来，我将分享这些问题的答案，希望你能尽可能了解与焦虑有关的真相。只有这样，本书第三章中分享的策略才能发挥最大效应，你才会对这些策略怀抱信心。我希望你能满怀信心地运用这些策略，否则你就只是照章行事，而不是基于充分理由去做。

焦虑到底是什么？

焦虑是一种担心、惧怕、惊恐或紧张的感觉。初始的焦虑感，或者说“应激反应”，是源自大脑交感神经系统中的化学反应。所谓“交感”，本义是“同情”，在此特指一系列协同运作的生理反应，在你身体中产生连锁反应。

如果我们的大脑识别出需要面对的威胁或问题，身体的应激反应就会被激活，上述连锁式的作用过程就会发生。威胁可能是某种外界的具体威胁，例如碰到大火或持刀歹徒；威胁也可能仅仅发生在你的脑海中，比如想到即将有一场考试或演出。从实际体验和严重程度而言，后者依然是真实存在的，只不过它是对心理造成的威胁，而不是对身体的。还有一些威胁可能是一些实际上并不危险，却被你的大脑解读为危险的事情，比如看到一只大蜘蛛或独自走过一座高桥。

威胁可能来自严肃的事件，比如面对令人担忧的手术或参加重要的考试。威胁也可能来自很小的日常事件，比如当众提问，甚至是更小的事情，比如面对一位陌生人。至于什么是大事、什么是小事，每个人有不同的看法。例如，不管是在课堂上回答问题，还是走进一个挤满陌生人的房间，又或是看到蜘蛛，不同的人会产生不同程度的焦虑。

最初，大脑会对各不相同的威胁事件给出一致的解读，因为它还没来得及对可能发生的危险做出详细分析，你就已经对威胁做出了反应。你可能还没来得及开口说话，大脑就径直快速地启动“威胁—行动”运行机制，并引发全身的连锁反应。在这之后，你的大脑才开始分析并判断眼前威胁的实际程度以及应该做出的合理反应。也有可能，它根本没什么好担忧的。

举一个很好理解的例子：当一声巨响突然发生时，你可能会跳起来、退缩，甚至尖叫。因为你的大脑立刻做出反应：这声巨响是危险的。这时，几乎紧随其后，你的大脑开启了思考过程，并意识到那只是撞门声或类似的声音，你便很快放松下来。

“

副交感神经系统

你可以将副交感神经系统想象成交感神经系统的一条平行线。交感神经系统在压力下会激活人体内各种不同的生理过程，而副交感神经系统则会在压力结束后平息这些过程。因此，副交感神经系统可以让你的心跳、呼吸、体温、消化系统和激素水平回归到放松模式，轻柔地把一切拉回平衡。

”

这些化学反应是什么？

在你的大脑深处，一个叫作杏仁核的部位负责产生和调节情绪，它会向另一个叫作下丘脑的部位发出信息。下丘脑会立即将信息发送到紧贴肾脏上端的肾上腺，使其释放出肾上腺素和皮质醇。肾上腺素和皮质醇会快速运转到全身，随即产生以下影响：

✩ 心率和呼吸频率加快，促使血液在你体内更快地流动，把氧气和葡萄糖带到你全身的大肌群，以防你需要奔跑逃离或开启战斗以保护自己，另外也有可能是僵住不动。

✩ 你的注意力完全聚焦于当下的威胁，以至于你没有意识到周围发生的任何与它不相关的事情。

你可能会注意到一些身体的其他反应：

✩ 感到寒冷，因为血液从皮肤表面流向了肌肉。
✩ 不想吃东西，因为对威胁的反应会抑制消化系统功能。
✩ 想要上洗手间。
✩ 感到头晕目眩。
✩ 坐立难安，总想站起来，并且可能会走来走去。
✩ 手或腿会颤抖，如果你需要站起来进行演讲，你可能会特别注意到这一点。

所有这些应激反应都是在你的交感神经系统被激活时发生的。如果你忙于应对当时的情形，可能不会马上注意到这些反应。当人们出现这种焦虑反应时，他们有时候甚至不会感到疼痛。焦虑不是一种舒适的感觉，因为在那一刻，你的大脑不会让你放松。如果你放松了，就无法应对大脑所探测到的危险！

当心延迟反应

我在前言中提到，在写作本书的时候，我和我的家人正经历一段极其痛苦和忧心的时期。当我写下这些文字的时候，我正在应对和管理焦虑，我表面显得很坚强，但内心担忧不已。后来，我们的情况有所改善，如果用从 0 到 10 的数字来表示担忧水平，那么，我的担忧程度从 10 降到了 4，或者是 3。

几天后，我遭遇了一场情绪崩溃。犹如晴天霹雳，也无直接原因，我完全被情绪淹没，不停地哭泣，感觉喘不过气来。我用我在第三章中讲到的一种技巧让自己恢复正常呼吸，然后取消了那天我本该做的所有事情，让自己完全放松下来。我允许自己去思索已经发生的一切，接纳自己的反应，视其为完全自然的，并且更好地照顾自己。

这种反应不是焦虑发作，但如果你内心充斥了太多紧张和焦虑，而且压力情形持续了较长一段时间，这种反应便可能发生。有时候你别无选择，因为当时发生在你身上或身边的事情令你应接不暇、不堪重负。所以当这样的延迟反应发生时，我们需要认识到它是自然的、正常的、符合人性的。值得一提的是，这是我三年内第三次经历类似的事情。每当那时，我的内心都充满焦虑，未能得到释放。

我们都不是超人。不管你有多坚强，有时也会崩溃。大树虽然强壮，却也会迎风摇摆——不是强行挺立，而是俯仰随风。如果你总想坚不可摧，反而可能支离破碎。

写作这本书对我自己的帮助也很大，因为我现在可以更好地照顾自己，也可以更好地帮助其他人，包括你。虽然我经历过情绪崩溃、痛苦不堪，但我并没有患上焦虑症，只要我能良好地运用书中的自助策略，我就能恢复过来。但是，我也会时刻留意自己的状态，如果自助策略不起作用，过一段时间我便会寻求专业人士的帮助。

焦虑与压力有什么区别?

焦虑和压力极其相似，而且紧密相关。通常，你可以交替使用这两个词，但如果你仔细观察，它们并不完全相同。

从生物学角度来看，焦虑和压力都描述了我们的大脑和身体对感知到的威胁做出反应的方式。正如你已经发现，大脑检测到威胁后会引发即时反应，目的在于让我们做好准备以采取可能需要的任何行动。这种反应包括身体和心理两方面。

你可以把压力看作是生理反应，而焦虑则是心理反应。

生理反应通常会在第一时间出现，比如心率和呼吸频率提高，肌肉紧绷。随后是心理反应，比如忧虑、紧张，还有大脑的思考与分析。举个例子，想象你在深夜看到一个陌生人向你走来，于是你的心跳加速、肌肉紧绷，然后你开始思考："发生了什么？他对我有危险吗？我应该跑还是尖叫？"其中身体反应是第一位的。

还有一些情况，心理反应先行。例如，你突然想到即将到来的考试或表演，于是开始焦虑，焦虑又引发了出汗、呼吸和心跳加快等生理反应。

当你感到焦虑时，你的担忧也会引发更多的压力反应。这样，压力和焦虑就形成了一个循环，相互紧密关联，难以分割。或许我们可以用不同的词语来描述这种感觉，但它们本质上都是同一组系列体验的一部分。

有些人可能会更多地体验或注意到身体症状，并将自己的状态描述为"压力过大"；有些人可能会更多地体验或注意到精神症状，并将自己描述为"情绪焦虑"。实际上，这两类人都在同时经历身体和精神方面的症状，只是一方比另一方更多地意识到某一类症状并受到它们影响。这种情况是很正常的，意识到我们的身体和精神正在发生的状况，会让我们开始对它们有更多的掌控。

现在你可以看到，压力和焦虑是有区别的，但它们的联系非常密切。它们都始于大脑，都是对威胁的自然反应；它们都很有用，因为它们能提高你的警觉水平，让你能够应对面临的任何情况。当然，尽管它们都是自然的、有意义的，但如果我们承载了太多的焦虑和压力，却没有采取某些措施来管理它们，那它们就可能演变为问题。

尽管这本书严格来说是关于焦虑的，但由于二者的关系非常紧密，这本书在很大程度上也可以说是关于压力的。你将学会如何应对上文中提到的身体症状和心理症状。

焦虑会给我们带来什么好处？

超常发挥！如果你在赛前感到焦虑，就有可能比过于放松的状态下跑得更快；如果你在试镜或表演前焦虑不安，就有可能在正式演出时变得非常专注；如果你在公众场合回答问题前感到紧张，就有可能会更集中精力应对提问。

这是因为应激反应是人类在成千上万年的进化过程中发展而来的。让我来详细解释一下。

我们的大脑与几十万年前的人类祖先非常相似，那时候他们还在非洲平原上游荡，面临来自狮子、毒蛇和陌生人的威胁。对这些危险做出快速而强烈反应的人类更有可能存活下来，所以应激反应本质上是一种生存手段。除了人类，其他动物也有应激反应，每个物种都需要进化到能够对危险做出反应。

尽管几个世纪以来，我们所面对的威胁大多发生了变化，但应激反应没有变化，因为应激反应对所有危险都有效。而且，无论如何，威胁并不是全然不同的，当我们看到可能带来危险的动物、潜在的敌人或任何威胁到我们安全（包括精神安全）的情况时，我们仍然应该保持警惕。例如，当我们遇到陌生人时，我们会自然而然地保持警觉，准确地说，我们可能并不认为他们是危险的，但我们仍然需要弄清楚他们是朋友还是敌人。因此，暂时地假设他们是敌人也是讲得通的，我们需要以防万一。

作为预防措施，应激反应必须十分迅速，它的反应速度必须比我们的理性思考速度更快。尽管大脑的思考速度已经很快了，但相对于应激反应来说仍是慢的。

这意味着，应激反应可以让你跑得足够快以逃离凶猛的野兽，或者让你爆发出潜能来战胜强敌。它能够赋予你巨大的力量，无论是身体上的还是精神上的。因此，在你感到焦虑的那些比赛、考试、表演或面试中，你都有可能发挥出最佳水平。

你在面临挑战时产生的焦虑正是你成功的动力。你的焦虑就是你的超能力！

焦虑有益时

以下是一些焦虑可能会很有用的情况：

＊ 当你在为一些困难的、重要的和富有挑战性的事情做准备时——也许是考试、比赛、竞赛、演讲或表演。

＊ 当你正在经历令人担忧的情况时——也许是流行疾病正在传播，你的焦虑让你采取明智的预防措施；或者是你闻到烟味，你的焦虑让你采取防护措施。

＊ 当你需要做出一个艰难的决定，但对未来无法预测时——也许你需要决定用某种方式来处理与一个朋友的尴尬局面，也许你需要断绝一段关系，也许你必须决定接受或拒绝一个机会。

请注意，即使你遇到了上面提到的某种情况，也只有当你能够采取一些举措使情况好转时，焦虑才是有用的。例如在比赛或表演之前，焦虑会让你保持警觉，从而促使你出色发挥。考试前几个月的焦虑会让你及早地开始努力复习。在处理一段有问题的友谊时，如果焦虑能够帮助你做出深思熟虑的选择，也并非坏事。换句话说，当焦虑可能让你表现得更好时，它是值得欢迎的。

所以，焦虑可以让你把注意力集中在对你来说重要的事情上，鼓励你努力工作，督促你练习技能、培养爱好，帮助你迎接挑战，发挥出自己最好的水平。

焦虑无益时

还有一些时刻，焦虑是毫无帮助的：

- 当你遇到无能为力的情况时。
- 当没有坏事会真正发生或可能发生时。
- 当你想睡觉时。
- 当你想放松时。
- 当你想专注于其他事情时。
- 当它开始主宰或破坏你的日常生活时。

即使焦虑没有用，它也是自然和正常的，允许它存在并不总是一件坏事。例如，如果你担心会发生不好的事情，那么花一点时间把你担心的事情在脑海中预演一遍，也没有什么问题。这可以让你提前做好心理准备，以防坏事真的发生。当然，这样的行为如果过多，则无任何益处，并且很可能会让你无法充分享受生活或无法专注于更重要的事情。

为什么人与人不同

你可能已经注意到或感觉到，有些人比其他人更焦虑。有些人的焦虑表现得很明显，而且不会刻意掩饰，因此你一眼就可以看出来。但也不要太笃定——有些人看起来并不焦虑，只是因为他们在隐藏焦虑。

人们对焦虑的感知程度往往迥异，在生活中遇到困难或困扰时，做出的反应方式也有很大区别。

接下来，让我们看看其中一些差异，并分析可能存在的原因。你会发现有些内容很熟悉，因为我此前请大家思考你自己和你所处的境况时，曾经提到过它们。

你还可以阅读本书中不同焦虑经历者的真实故事，大致了解每个人的不同反应。

是什么让一些人天生比其他人更焦虑？

我说的“天生”，并不一定是指人们的生理结构或天性如何。我们通常无法判断某种特定行为是源于生理构成还是环境影响，但有些人的确比其他人显得更焦虑，也更容易患上焦虑症。以下是一些可能的解释：

✩ **基因。**我们从父母那里继承的遗传密码非常复杂，并不存在单一的“焦虑基因”，但基因有可能对焦虑水平有一定的影响。不过，关于这一点众说纷纭，而且很难量化，因此还存在分歧。需要注意的是，即使你遗传了某种“焦虑基因”，你也不一定会有焦虑症，只是可能有更强的焦虑倾向。

✩ **与我们相处的人。**我们往往会模仿身边的人，即使我们没有觉察到自己正在做这样的事情。焦虑的人会提高周围人的压力水平，他们并非故意这样做，但这样的情况常常会发生。因此，如果你的父母或养育者非常焦虑，这可能会让你更加焦虑。

✩ **童年不良经历。**如果你在童年时经历过非常糟糕的事情，那么你可能更容易患上焦虑症，也更难做到不为不必要的事情担心。

✩ **性格特征。**有些性格方面的因素会让你更容易对一些事情感到焦虑，而有些人却能泰然处之。

现在，让我们再来看看这些性格特征。了解自己的性格特征类型是很有帮助的，因为它们会影响你在生活中对焦虑做出的反应。

神经质

神经质的字面意思是紧张，当心理学家对神经质水平进行测量时，他们会观察人对周围事物做出反应的情绪强度。高度神经质的人对事件的反应可能相对强烈且消极，而神经质程度较低的人则更倾向于恰当地处理事情，不会对消极的事情做出过于强烈的反应。与神经质程度较高的人相比，他们可能看起来更平静。或者，他们可能会把自己的感受隐藏起来。

请记住，对感知到的威胁做出反应并不是一件坏事。但是，高度神经质确实会让你更容易焦虑，所以了解你的整体人格中神经质水平的高低是有益的。

如果你的神经质水平得分较高，那么你可能会比得分较低的人更容易产生情绪波动，更容易感到悲伤或焦虑。你可能倾向于自我反省或过度思考，容易陷入灾难化思维，或时常想象最坏的场景。

根据心理学家的研究成果，神经质是“五大人格特质”之一，另外四种是开放性、责任性、外向性和宜人性。大多数专家认为，这些性格特征在人的一生中几乎是固定不变的。不过，我们可以通过学习，改变自己对性格特征的反应，尤其是当我们充分了解它们是如何影响我们的时候。你可以借助一些免费在线测试或专业的机构检测，大致了解自己的神经质程度。进行多次测试也是个好主意，因为每次结果可能有所不同。先试试下面这个测试吧！

小测试 1
了解你的神经质水平

下面有 10 条陈述供你思考。其中有多少项描述非常符合你自身的情况？这将让你大致了解自己的神经质水平。你觉得符合你的描述越多，而且你对此描述的感觉越强烈，你的神经质得分就可能越高。请注意，这个测试只能帮你了解一个大致的情况，并不能详细反映你的神经质水平。

1. 我通常做最坏的预期。
2. 当别人说了一些让我苦恼的话时，我不会轻易释怀。
3. 我发现自己很难放松，即使是在周末和节假日。
4. 我想改变我的很多性格特点。
5. 我在压力下会感到恐慌。
6. 我经常觉得自己被人评判，这让我感到充满威胁。
7. 我经常被别人激怒。
8. 我的情绪变化得很快。
9. 我很容易失控，说出让自己后悔的话。
10. 我觉得我是一个非常爱担忧的人。

重要提示：以上描述可能会让你对自己产生不好的感觉，所以现在请说一些关于你自己的积极描述。请在你的头脑中完成以下句子，当然最好能大声说出来！

小测试 1
了解你的神经质水平

1. 我引以为豪的事情有……

2. 我最大的优点是……

3. 我喜欢回忆起当我……

4. 我非常感谢……

5. 当……时我感到很高兴。

关于在线性格测试的提醒

你可以在网上找到关于性格各个方面的免费测试。在进行此类测试时，请注意不要向他人透露个人信息及联系方式，并且提前请家人帮助确认测试是否有效、安全且适合你的年龄。此外，无论你得到什么结果，都不要因此受到局限：这只是你当时感觉的一个概况，下次你可能会得到不同的结果。此外，还要注意测试题目的质量，一般来说，题项很少的测试通常不如题项多的测试可靠。

A型性格

我们可以把人分为 A 型性格和 B 型性格，不同的性格类型可能会影响焦虑程度，其中 A 型性格的人往往焦虑程度较高。你可能明显属于其中一种性格，也可能介于两者之间。

A 型性格的人做事匆忙、竞争心强、雄心勃勃。他们通常压力很大，因为他们从不放过自己。对他们来说在每一件事情上都取得成功是非常重要的。他们做事认真，在努力实现自己目标的过程中不会敷衍了事，也会对那些不认真做事的人感到失望。

B 型性格的人通常更放松、更有耐心，无论取得什么成就，他们都很容易满足。他们可能知道自己想要什么，但他们更愿意从容不迫地实现目标。如果有最后期限，他们会合理安排，而不会立即开始。他们喜欢玩耍和享乐，并不总是很认真地做事。

你可能会发现自己在某些情况下属于 A 型，而在其他情况下则是 B 型。很多人都不是绝对的 A 型或 B 型，而是混合型。

小测试 2
你更倾向于 A 型还是 B 型?

看看以下两组陈述，每组陈述中有多少是你强烈认同的？

如果你是 A 型性格的人，你会认同下面的许多说法：

* 我雄心勃勃，并且为自己设立很高的标准。

* 我承担了很多工作，经常要承担领导或老师交给我的任务。

* 我希望快速完成任务，当有人慢吞吞地做事时，我会感到恼火。

* 如果有最后期限，我不会等到最后一刻，而是尽快完成工作。

* 获胜和取得高分对我来说非常重要，当我没有做到这一点时，我会感到很难过。

* 当看到有人磨蹭时，我会显得不耐烦。

* 做事时我感到紧张，因为成功对我来说太重要了，以至于我一想到失败就感觉大难临头。

* 在完成所有工作之前，我不会休息片刻。

* 当我完成工作后，我会开始做其他事情，因为如果我什么都不做，我会感到内疚。

小测试 2
你更倾向于A型还是B型？

如果你是B型性格的人，你就会认同下面的许多说法：

* 我不喜欢争强好胜。当然，获胜的感觉很棒，但这不是重点。

* 我喜欢参加各种活动，即使我并不擅长，我只是享受这些活动的乐趣。有时候我只是想尝试一下，也许我会发现自己的潜力。

* 我不会把事情看得太重要，生活最好是开开心心的。

* 我不太担心那些遥遥无期或不太可能发生的事情。

* 我经常等到临近截止日期时才开始执行任务。不到最后关头，没必要太努力。

* 人们会说我是一个非常悠闲的人。

* 当我完成一项工作后，我会去放松一下——这是我应得的。

* 我很容易放松下来。

没有哪一种类型优于另一种类型，两者都有优点。但从管理焦虑的角度出发，我们需要意识到如果你是A型性格的人，那么你可能会更焦虑，更容易遭受焦虑的负面影响，它很可能会妨碍你享受生活。

因此，A型性格的人需要采取更多措施来控制焦虑，以免焦虑成为一个问题。

我们能变得不那么焦虑吗？

焦虑是一种固定的人格特征吗？在某种程度上，有些人就是比其他人更焦虑，这与他们基因、性格和经历等方面的固有因素有关。然而，你此刻的焦虑不会终生不变。掌控力就在你手中，而且本书将助你一臂之力，减少焦虑给你带来的痛苦。让我来分享给你三个建议：

1. 焦虑水平随事件的变化而变化

我们通常无法影响身边正在发生的事情。当下你可能有一些棘手的事件要处理，虽然我无法告诉你这些棘手的事件将如何改变或在何时改变，但我敢肯定，它们终将改变。你的生活中一定会有更平静的时刻，如果你能辨别出这些时刻，并利用它们来治愈你焦虑的心灵，你就会在一段时间内恢复平和的心态。要记住，你的任何感觉只能代表当下。因此，你不会总是这么焦虑。接下来的两点更为重要。

2. 学习控制和减轻焦虑的策略

尽管你的性格可能不会有太大的改变，但当这样的性格使你遭受焦虑之苦时，你可以改变自己的反应和行为方式。每个人，包括最焦虑的人和经历过艰难挑战的人，都可以学习减少焦虑影响的策略。本书第三章将教会你这些策略。所以，即使焦虑现在对你来说是一个强大而可怕的敌人，你即将学到的技巧也能够让你在焦虑中感到安全，并且获得力量、韧性和勇气来应对它。焦虑是你难以分割的一部分，但是你可以学会控制它，像其他人一样享受生活。这就是前面提到的训练你的“护卫犬”，并且学会与它愉快共处。

3. 吸取经验以提高应对焦虑的能力

随着年龄的增长，你可以从自己的经历中汲取教训，对焦虑做出更积极的反应。当你拥有的经历越多——尤其是那些具有挑战性的、困难的和不愉快的经历，你就越能发展出应对焦虑的能力。并不是所有成年人都能从他们的经历中学习，有些人只是一味地与自己的“护卫犬”搏斗，而不是训练它、引导它。不过，只要有好的建议和支持，你就可以成为一个真正能从经历中学习的人，这正是《放轻松，没有什么大不了》这本书最希望为你提供的。还有，你不必等到成年，今天就可以开始！

当你阅读本书中许多人的真实经历时，你会发现有些成年人已经从他们的经历中学到了有用的技能，但有些人仍然在挣扎。在他们更年轻的时候，如果能读到一本像这样的书，他们会受益匪浅！我将带你认识到，无论你经历过什么，其实你都已经从中学到了很多东西。无论是疾病流行或失去挚爱这样的大事，还是担心考试或与朋友闹别扭这样的小事，我都愿意帮助你从这些经历中获得积极的影响。如此一来，即使你天生容易焦虑，焦虑也只是你身上很小的一部分。相信自己，你的能力远远超过你的忧虑！

焦虑何时会成为问题？

你读这本书可能是因为你觉得焦虑是你的一个问题。你可能担心焦虑会对你的身体造成伤害，甚至担心焦虑引起心脏病发作或其他严重疾病。如果你有时会出现惊恐发作，你可能会在发作期间更强烈地感受到这种担忧。

我想让你安心，静下来了解焦虑对健康的真正影响以及它无法影响的方面。

让我们不要为担忧而担忧，也不要为焦虑而焦虑！

接下来的几页将回应你对焦虑的一些问题和担忧。此外，我还会详细介绍一些过度焦虑的人可能会遇到的实际问题。如果你觉得自己也有这些问题，第三章将为你提供自助策略，如果你需要，也可以寻求专业人士或医疗机构的帮助。对大多数人来说，健康的心理自助策略和生活技巧就足够了。

温和而重要的提示

思考一些消极而令人担忧的事情可能会增加你的焦虑，让你情绪低落。如果你正处于焦虑阶段，就更有可能出现这种情况。接下来的几页将重点讨论一些消极或令人担忧的事情，因此你可能会暂时变得更加焦虑。

不过，了解这些事情仍然是十分明智的，即使它们会让你感到痛苦。你无需逃避焦虑，它不会伤害你。它是你的“护卫犬”，记住，你正在学习驯服它，让它为你出色地工作。你不能通过逃避来训练狗，事实上，当一个人想要逃避狗时，狗更有可能对其发起攻击。第三章会教你直面那些令你担忧的事情，而不是试图逃避它们。

现在，显然我正在向你发出一个“触发警告”：在你阅读接下来的几页内容时，你可能会发现焦虑感上升，但我还是希望你能勇敢地读下去。

如果你在阅读时感到非常焦虑，最好的办法是跳转到本书 91—109 页，在“即时操作”中挑选一项，花几分钟时间完成，当你准备好后，再回来读完这一部分。你会准备好的。

过度焦虑会让我生病吗？

如果你经常感到过度焦虑，或总为一些没必要的事情烦恼，那么焦虑可能会主宰你的生活。当焦虑过度以致你无法控制时，你可能会患上焦虑症，或者你的整体健康水平会受到不同程度的影响，从而使你在生活中的某些方面更难取得成功。

人们经常谈论“患有焦虑症”，这其中有不同的含义。它可能意味着某些人被诊断出患有特殊焦虑症，他们对焦虑有一种特定的反应，需要一些治疗来改善。还有另一些人，他们感受到的焦虑是对任何事做最坏的打算，这种被称为广泛性焦虑，会在一定程度上破坏他们的生活。如果是这样的话，他们仍需要得到心理健康专家的帮助，因为一般医生可能无法诊断出焦虑症的具体类型。

每种焦虑症都有一系列特定的症状，只有受过专业训练的人才能判断出来。

焦虑症令人不快，但也有很好的治疗方法，人们可以改善和治愈焦虑症，或者学习一些策略，更好地管理自己的健康状况，从而享受快乐的人生。

接下来的几页里，我将谈一些特定的焦虑问题。

惊恐发作

许多人虽然有时会感到恐慌，但从未遭受过惊恐发作。有些人惊恐发作一次后，从此不会再发生，还有些人常常惊恐发作。有时，很明显是某种特定的压力情境或想法会导致惊恐发作。还有时，它似乎只是突然发生，没有明显的原因。

惊恐发作是指你突然出现以下几种感受：

* 心跳加速，你可能会感到心悸或耳朵嗡嗡作响。
* 头晕或虚弱无力。
* 感觉呼吸困难。
* 窒息感。
* 恶心。
* 非现实感。

* 觉得自己快疯了。
* 认为自己濒临死亡。
* 极度恐惧和不适。
* 感觉很冷或很热。
* 迫切需要逃离。

惊恐发作的症状可能很快消失或持续几分钟，一般不会超过几分钟。

惊恐发作时，身体的感觉是如此之强烈，以至于你可能会不顾一切地逃离这种状况，比如你会直接跑出房间。也有可能你只是浑身发抖、出汗，对发生在自己身上的事情感到恐惧。你可能无法做任何你本应该做的事情，例如演讲或参加考试。你身体里产生的强烈感受完全占据了你的注意力。

惊恐发作是由一种天然化学物质——肾上腺素引起的。你已经了解过了，它是应激反应激素之一。在一天之中，它在你体内多次产生，对人体毫无损害。不过，身体偶尔会短时间内分泌大量的肾上腺素，从而产生快速明显的影响，但这只是暂时的，随后就会自然停止，即使你什么也不做。

惊恐发作是一种可怕的经历，你可能会以为自己要死了。我必须告诉你的第一件事是——这样你才能告诉自己——你不会死。你不会死的。你之所以产生这种感觉，只是因为你的心跳太快，以至于你认为自己接下来一定会心脏病发作，这是你体内的肾上腺素分泌过多导致的。然而，你的身体所能产生的肾上腺素并不会杀死你。如果你有兴趣了解，会发现对于一些过敏症患者而言，肾上腺素是他们发生严重过敏反应时随身携带的救命药物。

惊恐只是一种被夸大的应激反应。你的大脑犯了一个恼人的错误，为如此之小的原因释放了如此之多的肾上腺素。你的“护卫犬”变得过度兴奋，狂奔乱窜，胡乱狂吠。但很快它会精疲力竭，回到自己的小窝。惊恐症状是暂时的，你的身体无法持续产生肾上腺素，短时间内心率和呼吸都会恢复正常，即使你对此什么都不做。

惊恐的感觉确实不好受，但它不会伤害你，只会让你心烦意乱。当你遇到惊恐发作时，请一定记住“这不会伤害我”。

你将在第三章找到应对惊恐发作的策略。

担忧链条和焦虑螺旋

一旦你的大脑启动对某件事情的担忧，你可能就会开始担忧另一些从未设想过的事情，我把这种现象称为“担忧链条”。就好像所有的担忧都联系在一起，当你碰响其中一个环节时，整个链条都会叮当作响。这是因为担忧是一种感觉，当你触发它时，任何事情都可能变得令人担忧。

“焦虑螺旋”与其类似。它描述的是在某些人身上，有时一个焦虑开始后，他们随即会被拖入一大堆焦虑的想法中，这些想法会变得越来越糟糕，或者越来越强烈。

你熟悉上面提到的某一种或者两种情况吗？如果没有，

那你很幸运，因为你可能没有受到焦虑的严重影响。但如果你对它们很熟悉，也别担心，你没有什么问题，你的大脑只是养成了一个陷入担忧和焦虑陷阱的习惯。仅仅是注意到这些思维模式，就已经有所帮助了。因为这样你就可以采取行动，实施一个好的策略。当你在第三章学会了一些策略后，你会感觉更好，应对能力也会更强。

恐惧症

恐惧症是对某种事物的极度害怕，这种害怕会给人带来巨大的焦虑，即使他们实际上并没有面对这种事物。我们都害怕某些东西，这是有原因的，因为有些东西确实是危险的，或者说至少对早期人类来说是危险的，因此害怕它们也是理所当然。但有些人恐惧的对象要么并不存在真正的危险，比如一种颜色或抽血检查，要么他们恐惧的对象此刻并不在身边，不会给他们带来真正的危险，但他们的生活依然被恐惧支配着，比如在安全的环境中过度担忧火灾。

仅仅是对某种事物有强烈恐惧或厌恶并不是恐惧症。只有当恐惧或厌恶导致患者改变生活的方方面面来逃避某种事物，而这种改变与实际威胁不成比例时，才会被归类为真正的恐惧症。

例如，患有蜘蛛恐惧症的人会在坐下之前，强迫性地检查房间里是否有蜘蛛，或者避开曾经看到过蜘蛛的地方；患有飞行恐惧症的人可能会不惜选择开车绕很远的路，或者从不去国外度假；患有恐高症的人可能会选择走另外一条更长的路以避开一座桥。当患者不得不面对他们的恐惧时，他们会感到极度紧张和恐慌，还会出汗、颤抖。

恐惧症会破坏人们生活的乐趣，有时甚至会阻碍他们的成功。

一些常见的恐惧症包括：

* 广场恐惧症，惧怕开阔空间。
* 幽闭恐惧症，惧怕封闭空间。
* 呕吐恐惧症，惧怕呕吐。
* 洁癖症，惧怕疾病或病菌。
* 社交恐惧症，惧怕陌生人与公共社交场合。
* 针头恐惧症，惧怕针头。
* 恐蛇症，惧怕蛇。

人们常说自己对某种事物有恐惧症，他们真正想表达的是极度厌恶或害怕它，但他们的生活并没有受到严重影响。当然，如果你愿意，你可以说“我对某种事物有点恐惧”，但你与真正患有恐惧症并被其主宰的人相比是不一样的，请不要混淆。

如果你觉得自己患有某种恐惧症，并且它正在影响你的生活，请务必寻求帮助。这真的是值得的，治疗通常可以帮助你在面对恐惧的事物时逐渐感觉更好。逃避几乎从来不是解决方法。

几乎任何事物都有可能让人患上恐惧症。有一些生活中普通的事物，也存在针对它们的恐惧症，只是不常见，比如南瓜子、气球、洞、鸡。如果你的恐惧症是这种不常见的类型，你可能会发现人们很难认真对待你的感受或难以理解你，而你想要避开这些东西也是非常困难的。

甚至还有一个英文单词专门用来形容人们对长单词的恐惧。这种情况非常罕见，但如果你对长单词感到恐惧，请不要避开，在继续阅读之前，冷静、缓慢地呼吸几下。你准备好了吗？这个英文单词意为“长单词恐惧症”：hippopotomonstrosesquipedaliophobia.

不，我也没准备好。我不害怕它，但它实在太长了。

有时，恐惧症源于童年时期的一次糟糕经历，或者是当你处于脆弱的年纪时，某人无意间在你的心里种下了恐惧的种子。但大多数情况下，我们无法确定一个人为什么会患上恐惧症。

我们所知道的是，这也是一种焦虑。你的焦虑不是广泛性焦虑，而是强烈地集中在某一具体事物上。你还可能发现，当你陷入广泛性焦虑时，你的恐惧症可能会更严重。

即使你没有这些恐惧症，我也希望你能开始想象，对一个患有恐惧症的人来说，生活有多么艰难，他们面对着难以避开的可怕之物。

如果你或你认识的人患有恐惧症，首先请参考第 176 页的策略。如果这还不够，那么一定要寻求帮助，尤其是专业心理医生的帮助。恐惧症是最容易治疗的焦虑症类型之一，但如果你想独自应对它，依然会很艰难。

厌学，学校焦虑或学校恐惧症

我没有把它列入恐惧症列表，因为它有点不同。如果你是那些觉得上学极其困难，觉得绝对不能去上学的人之一，这并不完全是因为你害怕学校本身。你的焦虑可能与在学校经历的某些事情有关：它可能是社交恐惧症或与人相处时的焦虑，可能是在学校受到他人霸凌或问题行为的困扰，可能是你在学校生活中感到对失败的恐惧（失败恐惧症），可能是害怕离家或担心家人发生意外，等等。它可能是各种让你担心的事情组合起来的结果，也可能是你自己都无法解释的东西。

可能是你把上学或在学校发生的事情与身体不适的症状联系在一起，这些症状有时非常强烈，以至于你觉得无法应对。面对上学，你也可能会惊恐发作。或者可能是你曾经在学校里惊恐发作过一次，你害怕再次经历。当你觉得自己无法上学时，你身边的成年人应该仔细观察研究，确定令你感到焦虑的东西到底是什么。

当然，如果发生了类似霸凌或其他特定的负面事件，那就需要先妥善处理。在这方面，请向成年人寻求帮助。除此之外，我们需要找到控制焦虑症状的正确方式，让它们不再对你造成困扰。学习第三章的策略将是一个好的开端。

众所周知，逃避害怕的事情几乎从来不是应对恐惧的正确方法，反而只会增加焦虑。回避被称为“消极应对策略”，虽然它能短暂帮助你应对眼前的局面，却会带来负面的结果。因为你仍然无法面对焦虑的根源，还可能让自己的生活变得越来越糟，因为你一直在回避那些可以帮助你过上更好生活的事情。此外，它还会强化你的负面信念，让你认为自己无法处理某件事情，从而使下一次处理变得更加困难，并且让你更有可能再次逃避。

强迫症

如今，人们经常说“我对某件事有点强迫症”，这就好比说“我有点恐惧症”一样，对于那些真正确诊了的人来说，这既令人恼火，也具有破坏性。的确，恐惧症可能有轻微或严重之别，强迫症也是如此，但更重要的是要认识到“有点强迫症”和真正的强迫症之间的区别。强迫症（或恐惧症）的患者没有一天不在面对巨大的挑战。

最常见的强迫症表现为强迫性地洗手和避免接触细菌。不过很多人的强迫症经历并不相同，他们的焦点并不是清洁。他们可能会有强迫性的侵入性想法，并通过执行例行程序来“保护”自己免受负面想法的困扰，这种人的强迫症相当隐蔽，除非他们告诉你，否则你可能不会知道。

所有强迫症患者身上都有一个共同点，那就是他们强迫性地觉得必须以某种方式行事，即使这些方式在其他人看来是不合逻辑的、奇怪的或不必要的。通常情况下，他们自己也知道自己的行为不合逻辑，但他们仍然觉得必须要这么做——他们被自己的思维方式所迫使。

例如，他们可能痴迷于偶数或奇数，不把每个开关按照偶数或奇数的次数进行切换，他们就不能离开房间。或者，他们可能必须在洗手时搓手 33 次，或者在电话接通前屏住呼吸，或者眨 6 次眼以防止一个坏念头成真。

当我还是个孩子的时候，如果我晚上上厕所，就会告诉自己必须在水箱的声音停止之前回到床上，这就像是一个小小的挑战。患有强迫症的人可能也会遇到类似的心理挑战，但如果他们控制不了，就会非常焦虑，而我只会想“哦，好吧”。

很多没有强迫症的人都有强迫性检查行为。我会检查很多次我是否锁好了门，或者我的手机是否带在身上；当我离开家时，即使我知道我已经检查过所有的东西，我还是会一遍又一遍地检查，摇晃门把手，确保门是锁好的。

我没有强迫症——虽然我确实觉得自己检查得太多了，这是一种近似强迫症的行为。我之所以认为自己不是强迫症，是因为我并没有被迫采取某些行动。但我注意到一件事，就是当我感到比平时更焦虑时，我的检查频次就会变得更高。当我放松的时候，我检查东西不会超过一次。因此，正如你此前在“担忧链条和焦虑螺旋”中学到的，当你心中有焦虑情绪时，任何事情都可能让你感到担忧。如果你觉得自己检查东西的频率不合理，首先看看能否通过放慢思维来控制这种情况，这样你就能告诉自己一切都很好，你已经检查得够多了。如果这样做仍不起作用，你担心自己可能有强迫症，请与你信任的成年人谈谈，他们可以引导你寻求帮助。

创伤后应激障碍（PTSD）

通常情况下，当你经历了极其痛苦、令人震惊或令人害怕的事情后，你需要一段时间才能恢复并重新感觉良好。有时你会很快恢复，有时则需要更长时间，这都是非常正常和自然的。但有时这种恢复没有发生，那么你可能会在很长一段时间内都非常痛苦、焦虑、恐惧，感觉自己受到了创伤。之后，你可能会被诊断为创伤后应激障碍（Post-Traumatic Stress Disorder）。

创伤后应激障碍的一个常见症状是令人痛苦的事件会清晰地闪回，但闪回的情形被夸大了。例如，在闪回中可能发生比实际情况更糟糕的事情，这几乎就像是在做噩梦，即使你醒着。事实上，创伤后应激障碍患者确实也经常做噩梦。

创伤后应激障碍也与广泛性焦虑有关联。因此，创伤后应激障碍患者总体上可能更加焦虑，反过来，在一般情况下更焦虑的人可能更容易经历创伤后应激障碍。另外，创伤后应激障碍通常也与惊恐发作有关联。

创伤后应激障碍可以通过各种方式进行治疗，谈话疗法对其也有效果。学习呼吸和心理着陆技术对于应对出现的恐惧或恐慌情绪非常重要。

如果你认为自己可能有创伤后应激障碍，一定要与医生谈谈，因为你很可能需要一些专业建议来帮助自己恢复。

社交焦虑症

社交焦虑症（有时也称为社交恐惧症）是指在涉及他人的情况下感到极度恐惧和不适。与强迫症一样，很多人都能认同这一点，因为在遇到新朋友、与不熟悉的人交谈、走进有陌生人的房间或在公共场合演讲时，感到有些焦虑是正常的。你也可能会形容自己害羞，但社交焦虑症远远不止普通的害羞。只有当你感到非常痛苦，以至于日常活动都变得十分困难或无法进行，并且你总是试图避免与他人见面或交谈时，才有可能被诊断为社交焦虑症。

之前我提过广场恐惧症，这是一种对公共场所的恐惧。其实这通常是一种社交焦虑的形式，患者会通过待在家里以回避他人。广场恐惧症患者觉得出门极其困难，而避免外出会让他们感到安全，就像避免与人交谈可能会让你感到安全一样。但如果你回避自己害怕的事物，你就会变得更加害怕它们。

你的社交焦虑可能集中在某种特定的恐惧上，也许你会脸红、结巴、出汗或说一些傻话。也许你害怕这种情况是因为它曾经发生过或经常发生，或者你看到这种情况曾发生在别人身上。这些都是司空见惯的事情，你越担心它们，它们就越有可能发生。你知道它们不会对你造成真正的伤害，比如没有人会因为脸红而死，只是它仍然会让你感到不愉快，而且你越是想起它，感觉就越糟糕。因此，你会想方设法避免在公共场合演讲。

问题是，你不可能永远逃避它。如果你试图这么做，你就会错过很多有助于创造美好生活的重要机会。因此，学会应对社交焦虑症是很有必要的，寻求帮助也可能是十分值得的。

如果你认为自己存在类似情况，现在应该怎么做呢？继续阅读本书，你会学到更多，并找到一些肯定会对你有帮助的策略。而且，如果你选择向专业人士倾诉自己的感受，你现在也有了能够描述自己感受的语言。请确保首先与你信任的成年人（尤其是父母）谈谈，他们可以帮你联系心理咨询服务。

焦虑如何影响你的身心？

你已经了解了焦虑对你个人身心的影响，下面让我们用更开阔的视角来研究它们，这样你就能了解焦虑对他人的影响。另外，我们还将了解焦虑对你身心之外的影响。

这些影响可能只持续很短的时间，但也可能成为你生活中的常规部分，特别是如果你的生活中有很多焦虑或者你总体上是一个很容易焦虑的人。尽管这些事情都不是特别危险，但它们会让你感觉生活变得很糟，如果你能减少它们的影响力，肯定会对你有所帮助的。

当你过于焦虑或焦虑持续太久时，你可能会注意到自己的身体、思想、工作、学习以及整个生活状态都会受到某些不愉快或痛苦的影响。其中有些影响可能会在触发事件发生后很快显现，另外一些影响可能直到后来才出现。

焦虑对身体的影响

✩ 消化系统问题，如胃痛、胃痉挛、腹泻、便秘。

✩ 感觉恶心，可能想吐（尽管大多数人不会真的呕吐，他们只是担心自己会呕吐）。

✩ 任何部位疼痛，尤其是头部、面部、下颌、颈部和肩部。

✩ 紧咬牙关，甚至导致牙齿疼痛。

✩ 头晕，头重脚轻。

✩ 行为笨拙，很容易掉东西或打碎东西。

✩ 声音改变，呼吸困难。你的声音可能会变得非常尖锐，说话时感觉声音卡在喉咙里。

✩ 口干，舌头粘在口腔顶部。

✩ 脱发。

焦虑对心理的影响

✩ 情绪低落，焦虑感和低落感往往是联系在一起的。

✩ 难以集中精力。当你充满担忧时，很难集中精力完成重要任务。

✩ 觉得自己是唯一有这种心理的人，自己出了问题。

✩ 感到孤独。

✩ 对自己感到沮丧。

✩ 负面想法不断侵扰你，挥之不去。因为一直这样想，你会觉得自己疯了。

✩ 入睡困难并很难保持整夜入睡的状态，你可能会很早醒来。

焦虑对学业和工作的影响

✩ 注意力不集中，可能导致你的作业或考试表现不济。

✩ 在焦虑上花费过多时间，没有足够的时间思考学业或工作。

✩ 出错、健忘或表现不佳。你的大脑被焦虑占据，没有足够的空间留给你的学业和工作。

✩ 因为担心失败而不参加比赛，不愿尝试加入团队或参加活动。

焦虑对你整体生活的影响

✩ 缺乏勇气抓住令人兴奋的机会。

✩ 低自尊（自卑），因为你太担心失败。

✩ 因为有太多的焦虑，很多时候你都感觉心情很糟糕，无法享受生活。

✩ 你的友谊和人际关系受到影响。你可能会感到嫉妒或没有安全感，或者你会发现自己很难给予他人所需要的东西，因为你太担心自己了。

✩ 担心自己无法控制的事情，浪费时间和精力。

看起来，尽管焦虑本身是为了帮助你表现出最佳水平，但有时它做不到。少量的焦虑不会产生重大的直接影响，但一段时间后，大量的焦虑会降低你生活中的乐趣，阻碍你的成功。好消息是，这些负面影响是暂时的。当你采取我接下来建议的步骤来应对焦虑时，它们是可以被逆转的。

应对焦虑

人类不喜欢焦虑，这是可以理解的！我们通常会做各种各样的事情来应对焦虑，其中有些事情是有用和积极的，有些则不然。有些你可以自己做，有些则需要帮助。当然，我稍后会向你展示积极应对策略，但现在我想让你先意识到你可能会遇到的消极应对策略，这样你就可以了解都有哪些选择，以及为什么有些策略比其他的更好。

消极应对策略

了解消极应对策略很重要，因为你可能已经在使用它们了。你需要辨识它们，并理解它们为什么是消极的，换句话说，它们不是最好的解决方法！

消极应对策略指那些可能会在短期内让你感觉好些的方法，但这些方法并不能解决问题，甚至会让问题变得更糟，或者会制造出新的、不同的问题。

以下是一些消极应对策略的例子：

* 咬指甲、抠皮肤、扯头发。

* 为了控制焦虑而暴饮暴食或吃得太少。要明白，食物是应该让我们得到滋养和享受的。

* 仪式化行为控制了你，而不是被你控制。例如强迫性检查。

* 吸烟、酗酒等不良生活习惯。

* 回避你害怕的事情。

逃避不是答案

最后一条——逃避，这可能是你最常使用的消极策略。我猜想每个人偶尔都会这么做。如果你对某件事情感到恐惧或苦恼，包括上学、运动、演讲、蜘蛛……你自然想要逃避它。逃避是你下意识想做的事情，因为这样做会让你感觉良好。但是，逃避我们所恐惧的事情永远不会减少恐惧，相反，它往往会加深恐惧。

如果你的恐惧影响了你的生活，让你备受压力，毁掉你的机会，那么最好的办法是减少你的焦虑反应，而不是逃避你所恐惧的事物。

如果你逃离一只“护卫犬”，它很可能会追赶你。如果你学会面对它并驯服它，它就不会阻止你充分活出属于自己的生活。

在第三章中，你会经常读到这个观点：最有价值的策略是那些帮助你减少焦虑、更好应对担忧或负面事件的策略，而不是让你假装暂时避开它们的策略。你无法阻止生活继续向前，你要足够勇敢和坚强，才能定义你的生活。

专业的帮助

有些时候，寻求专业帮助是一个非常好的主意。当你觉得焦虑已经主宰了你的生活，毁掉了你的机会和成功时，当你已经尝试了本书中的一些合理建议，并与关心你的人进行了交谈后，下一步就需要专业的帮助了。

如果你担心自己的生活可能受到强迫症、创伤后应激障碍、恐惧症或其他焦虑症的损害，请务必去看心理医生。他们可以告诉你，你是否真的患有上面所提到的疾病，或者你的焦虑症可能只是“我们需要找到办法去解决问题”的“普通”级别。

专业人士总能缓解你的焦虑。一部分原因是他们比你的朋友和家人更了解心理学，另一部分原因是与一个没有私交的人谈话往往会取得更好的效果。专业心理咨询师会使用特定的技巧来发挥心理调节作用，如果你只是单纯跟一位通情达理的朋友交谈，未必能达到效果。况且，专业人士与你没有情感联系，不会先入为主，这使得他们能够比你家人更平和、更冷静地看待你的情况。

第三章将为你提供更多的专业帮助。我将告诉你如何不再为焦虑而焦虑，并找到真正意义上的“不必焦虑——我能行！”的生活方式。你将学会训练那只“护卫犬”，让它保护你的安全，成为你的伙伴，而不是敌人。

训练你的“护卫犬”

现在，我们要讲的是积极应对策略：训练你的焦虑，让它成为对你有用的“护卫犬”。在危险来临时，它会适当地提醒你，帮助你在面对挑战时变得更坚强，并在没有危险而你试图放松的时候，平静地坐在你身边。首先，为了让你感觉自己真的准备好了，让我们提醒自己，你的焦虑“护卫犬”可以为你带来惊人的超能力。

1. 它让你的身体和大脑处于最佳状态，激发出色表现

你现在已经了解，焦虑、担忧或压力反应是由肾上腺素和皮质醇这两种化学物质在体内快速流动引起的。你知道它

们的作用是加速你的心跳和呼吸，以便你的血管将额外的氧气和能量输送给你的肌肉，帮助你高度集中注意力以完成手头的任务。因此，当你要参加比赛、考试、排练或表演时，这种焦虑、担心和不安的感觉便是你所需要的。你需要的不是超级放松，而是超级警觉。

2. 它促使你及早开始准备

如果几个月后就要考试，而你却一点也不担心，那么你可能不会及时开始复习。这同样也适用于表演、演讲或任何需要练习、计划和深思熟虑的事情。想想你参加过的那些比赛训练，如果你过于松弛，就不会及时开始训练或投入足够的精力。

3. 担心可能发生不好的事情，这种警惕能帮助你在它发生时有所准备

我经常建议人们把注意力集中在他们可以控制的事情上，而不是未来可能永远不会发生的事情或他们无法控制的事情上。但我并不总是这么建议，因为偶尔让你的大脑想象一下最坏的情况，也不失为一个好主意。

这样做的好处是，你可以在一定程度上练习如何应对非常糟糕的局面。但关键是你要确保有掌控感，只能允许自己偶尔短暂地这样做，最终要让自己放下可怕的想法。如果负面想法严重影响了你的生活，就表明焦虑开始破坏你的健康和幸福了。所以，偶尔担心是可以的，但不要让担心太频繁或持续太久，而且唯有当你主动选择时才去担忧。

4. 担心某件事会帮助你集中精力做好它

假设你是一个正在学校组织活动的小组成员，即将在大会上做一场演讲，争取获得学生团体对某个机构的支持。团队中比较焦虑的人往往会关注可能出错的地方，并采取行动预防这些问题出现，比较悠闲的人则可能不会考虑这些细节。如果我在一个负责组织活动的团队中，我当然希望团队中有一些像我这样的“焦虑者”，否则我将是唯一关注重要细节的人！所以说，正是我们的焦虑会帮助活动取得巨大成功，因为它会促使我们采取行动，以免担忧成真。如果真的出了什么差错，那肯定不是我们可以预测和避免的，相信我，我们已经在担心一切可能出错的事情了！

当你的焦虑“护卫犬”训练有素时，它可以给你带来上述提到的所有好处。它真的没什么可怕的。我们只需要训练它表现良好、反应适度，在没有什么可担心的时候或我们无能为力的情况下，它能够平静地坐着。

那么，让我们开始训练吧！

chapter

第三章

策略和解决方法

我将为你提供许多应对焦虑的策略，驯服你的“护卫犬”，让它成为你的安全伴侣，在你的家门外安然生活，不会打扰你。

接下来，你将看到我真的有很多建议！那么，你怎么知道该尝试哪一个呢？所以我准备先做一下梳理，帮助你能更简单、更高效地做出选择。

本章的结构如下：

1. 首先，帮助你分析当下你正在面对的是哪种类型的焦虑。

2. 接下来，帮助你放松或分散注意力，并判断你是想要预防焦虑发生，还是在焦虑已经影响你的情况下进行干预。

3. 在特定情况下，你可以借助后文将出现的一些符号来选择最佳应对策略。

当你读完所有的策略后，我建议你花点时间选出其中你最喜欢的策略。最好是把阅读过程中产生的想法也写下来，做成卡片或海报，放在你的房间里，以便你随时回顾最喜欢的缓解焦虑的策略。

让我们看看你需要什么

有些策略更适合特定的情况与问题，或更适合某种类型的人。不妨仔细考虑一下你自己的情况以及适合你的策略，而不是随意选择。

你也有自己的能力和弱点，你是最了解自己不能做什么和不应该尝试什么的人。我不希望任何人感到自己被排除在外，但我知道我提出的建议里可能包含了一些你根本无法做到的事情，或者一些会让你感到不舒服或不认可的事情。如果你觉得某些建议并不适合你，请只管改用别的策略就好了。

首先，了解你的焦虑

焦虑有不同的表现形式，焦虑的对象也有所不同。你可能只有一种焦虑，也可能有多种焦虑，还可能在不同的时间经历不同的焦虑。重要的是，你需要了解焦虑如何影响你，无论是偶尔发生的焦虑，还是常态化的焦虑。任何策略都有帮助，所以请阅读全书，但我也挑选了一些关键的策略，你可以在特定的情况下优先尝试一下。

焦虑类型	对应策略的位置
我有时会感到紧张、恐慌、压力很大，甚至我此刻就有这样的感觉。	第 91—109 页中的任何即时操作，可以优先选择呼吸策略（第 92—100 页）和着陆策略（第 101—105 页）。
我至少有过一次惊恐发作。	第 108—109 页的管理惊恐发作。

续表

焦虑类型	对应策略的位置
我有焦虑的阶段，有时候我感觉很好，有时候我又什么都担心。	当你感觉良好的时候，可以练习第 91—109 页中的一些即时操作；当你处于焦虑阶段时，请使用第 242—246 页的谈话策略，以及第 140—153 页的分散注意力的行动。
我一遇到有压力的事情就会非常紧张或担忧，例如考试、演讲、表演、社交活动、学校旅行等。	你需要第 91—109 页中的即时操作。
我担心一些可能永远不会发生的随机事件，经常陷入“万一……怎么办”的想法。例如，当我听到一个悲伤或可怕的新闻事件时，我会担心它发生在我或我认识的人身上。	请参考第 154—188 页头脑管理，也可以优先尝试第 171—172 页的制作一个担忧盒子。
我手上有太多的事情，却没有足够的时间去做。	查看第 204—216 页的管理你的工作和时间。
我非常担忧我的健康状况，我很害怕自己生病。	请参考第 154—188 页头脑管理。

续表

焦虑类型	对应策略的位置
我常常为自己身上的缺点和生活中不如意的部分感到担忧。	第154—188页头脑管理部分内容会有所帮助，还有从第140页开始的分散注意力的策略。
目前，我的生活中有一件特别令人苦恼或担忧的事情，这让我非常焦虑。	除了在感觉特别糟糕时可以使用第91—109页的即时操作，你可能还会喜欢第114—121页的正念策略。另外，与人倾诉可能会有所帮助，这一点请参考第242—247页。
有人在我身边时，我的焦虑更严重，我觉得这是社交焦虑。	你可以在第189—203页找到针对社交焦虑的具体策略，但当你感到社交焦虑时，你肯定还需要一些即时操作来减轻症状，可以参考第91—109页。
白天我是安然无恙的，但焦虑让我夜不能寐。	请参考第230—236页的睡眠建议。
当我必须在公共场合发言时，我感到神经高度紧张。	请参考第200—203页的演讲技巧。

其次，了解你的症状

当你了解焦虑是什么以及它如何对人产生影响时，你就有机会思考焦虑对你本人的影响。了解并识别自己的症状后，你就会想：“啊，这就是我的焦虑症状之一，我最好采取一些策略进行干预。”

如果你已经完成了前文中的小测试，并由此学到了很多东西，也对其有了一定思考，那么现在就是做另一个小测试的最佳时机。

在一张纸上，画出一个简单的人代表你自己。可以是一个带有你发型的简笔画小人，也可以只是一个简单的轮廓。不一定要画得很像你自己，当然如果你愿意，也可以这么做，只要你能正面、友善地呈现你自己。也不需要有艺术性，当然如果你愿意，也可以！

接下来，在你感到焦虑或担心时，不管何时出现何种症状，都及时地记录下来，在你的画像旁边做好标记。

举例如下：

胃痛	头痛	头晕	恶心	腹泻	下巴疼痛
出汗	睡眠问题	笨拙	健忘	情绪波动	湿疹

你现在唯一要做的就是注意观察何时你会出现这些症

状，并将它们作为提醒，找准时机来练习你从本书中选择的策略。

现在，选择你的策略

在后面的内容中，你会发现每种策略都标有一个或多个以下符号，它们代表五个类别的策略：

即时操作 | 快速见效的应急策略。

预防 | 帮助你防止焦虑的策略。

干预措施 | 当你出现焦虑时的应对策略。

放松 | 让你平静下来的策略。

分散注意力 | 使你的注意力从焦虑对象转移的策略。

下面的内容可以帮助你决定选择哪些策略。

即时操作

当你感到极其焦虑、紧张或恐慌时，这类策略中的任何一种都会迅速见效。但你需要提前练习你所选择的策略，因为当你处于焦虑之中时，你肯定不希望浪费时间思考该做什么。

预防还是干预？

焦虑症发作之前的预防策略包括：

✩ 让自己意识到焦虑并不是什么问题。

✩ 即使焦虑出现，也能减轻焦虑的程度。

✩ 改善你的整体福祉和身心健康。

✩ 让你感觉自己的“护卫犬”正安静地睡在小窝里，不会让你担心。

当你已经感到焦虑时，可以使用干预策略：

✩ 快速减轻你当下的症状。

✩ 在需要时，让你感觉更有能力应对问题。

✩ 在你感到恐慌时，找到可以即刻使用的工具。

✩ 你会发现原来你可以控制那只“护卫犬”，并将它送回小窝。

有些策略既适用于预防，也适用于干预。

放松还是分散注意力？

当我与人们谈论焦虑和压力时，我会问他们能想到哪些放松活动。所有年龄段的人都会想出一些很棒的建议，但他们通常没有注意到，其中一些建议并不能真正使人放松——它们更多的是分散注意力。分散注意力的活动也可能非常有用且健康，但有时你需要的其实是放松活动。因此，你需要知道如何区分这两种策略，知道什么时候需要放松，什么时候需要分散注意力。

放松情境

你需要减轻身体症状。你感到焦虑、不安、紧张，你的心跳加速、呼吸变浅，胃部、面部和肩部的肌肉紧绷。总体来说，你的感觉与放松恰恰相反。你总是坐立不安，也许还无法入睡。你的这些感觉可能事出有因，也可能是无缘无故的，令你莫名其妙。

如果这是你的感觉，那么你会从放松策略中获益最多。一旦你做到了这一点并能够减轻症状，之后你也可以继续使用分散注意力的策略，但先做放松活动是要好很多的。

分散注意力的情境

你需要从令人担忧或消极的想法中转移注意力。例如你正处于以下状态：你的头脑正带着你踏上一次担忧之旅，而你无法停止思考某事；消极或焦虑的想法在你脑海中盘旋，而你正在想象不好的事情即将发生；纷乱的想法让你无法入眠，或让你无法集中精力处理当务之急，这些想法可能出自对未来的臆想，或者是对生活和自己的担忧。

如果以上正是你的感觉，你会从本书提供的分散注意力策略中获益最多。你也可以附加一些放松活动（或先做放松活动），因为它们总会带来好处。但如果你只做放松活动，你会发现你的大脑仍在继续担心。这是因为放松活动给担忧留下了大量的空间，让它肆意妄为。

还要注意的是，分散注意力更像是逃避压力，而不是直面压力。如前所述，逃避通常不是解决问题的办法。只要你还能通过放松来应对症状，就可以优先尝试，再将分散注意力的方法作为备用也是很好的选择。

当你阅读下面的策略时，你会发现有一个符号用以表示哪些活动有助于放松，还有一个符号用以表示哪些活动有助于分散你的注意力。

你通常也可以自己解决这个问题。当你准备选择一种策略时，问问自己：如果我要做这件事，需要多少注意力？理论上，我能否一边做这件事，一边从 100 数到 1？

如果答案是“没错，我可以一边做事，一边倒数”，那么这可能更有利于放松，而不是分散注意力。

黄金法则

实际上，最好在一天之中同时进行两种类型的策略——放松和分散注意力。选择不同的策略，它们有些能让你放松，有些能让你分散注意力，有些能让你大笑，有些能让你思考。这些策略的形式和作用是多种多样的：有些需要社交，有些只需独处；有些在户外，有些在室内；有些可以锻炼身体，有些能够活跃思维。此外，还要考虑哪一种最适合当下的情况。有些策略既不会让人很放松，也不会让人分散注意力，但它们确实有用。很多策略是两者的混合体，何种策略最佳取决于你个人的思维方式。你只需觉察它们给你带来的体验，并从中挑选最适合你的策略。

如何找到正确的策略

我尽力让你能够在任何特定时刻轻松快速地找到所需要的策略。但我希望你能阅读所有的内容，并记下你最喜欢的那些策略。以下是需要记住的要点：

1. 每项策略都有单独的版式设计。

2. 后面两页有一份策略清单。

3. 每个策略都有一个符号标记组合：

即时操作　　预　防

干预措施　　放　松

分散注意力

4. 选择适合自己的策略，但要保持开放心态并敢于尝试新事物。只有通过尝试，你才知道哪些策略是有效的！忽略那些你无论因何故而无法做到的事情。

5. 记住在你急需使用这些策略之前，先要练习这些策略，尤其是“即时操作”部分的内容。

6. 找到你想使用的策略后，完成第 249 页的活动也是一个好主意。

策略清单

这是一份策略清单，可以帮助你尽快找到需要的信息。

即时操作 / 91—109

呼吸策略 / 92—100
着陆或聚焦策略 / 101—105
反其道而行之 / 106—107
管理惊恐发作 / 108—109

放松 / 110—139

预防延迟反应 / 111—112
处理延迟反应 / 113
正念策略 / 114—121
冥想策略 / 122—128
情绪释放技术（拍打疗法）/ 129—130
其他放松活动 / 131—139

分散注意力 / 140—153

社交 / 141
用写作表达自己 / 142—146
用艺术表达自己 / 147
烹饪或烘焙 / 148
快乐阅读 / 149
看电影或电视 / 150
玩电脑游戏 / 151—152
其他分散注意力的方式 / 153

头脑管理 / 154—188

认知行为疗法（CBT）/ 155
只是此刻 / 156—157
识别你的消极想法 / 158—161
选择关注的焦点 / 162—163
叫停思考 / 164—166
朝自己翻白眼 / 167—168
自言自语 / 169—170
制作一个担忧盒子 / 171—172
设置一个焦虑时间 / 173—174

建立神经通路 / 175
应对恐惧症 / 176—177
积极思考 / 178—184
回溯过去 / 185
朝前想象 / 186
直面恐惧 / 187—188

管理社交焦虑和表现焦虑 / 189—203
交友小步骤 / 190—191
内倾性格者的焦虑应对小窍门 / 192—193
不必在意他人 / 194—195
来自团体的保护 / 196—197
尽早发言 / 198—199
演讲建议 / 200—203

管理你的工作和时间 / 204—216
梳理计划 / 205—206
任务分级 / 207—208
时间管理 / 209—210
做好准备，避免分心 / 211
番茄工作法 / 212—213
摒弃待办清单 / 214—215
分解任务 / 216

拥抱健康的生活方式 / 217—241
让身体动起来 / 218—224
健康的饮食选择 / 225—229
给睡眠一个机会 / 230—236
合理使用电子设备 / 237—241

寻求支持 / 242—247
寻找合适的倾听者 / 243—244
寻找合适的表达 / 245—246
专业帮助 / 247

START方法

无论你使用何种策略，START 方法都是应对焦虑的优质基础。它是一个妥帖而全备的系统，与所有策略配合得天衣无缝，而且易于记忆。

START 是“叫停（Stop）、评估（Take Stock）、确认（Acknowledge）、放松（Relax）、行动（Take Action）”的首字母缩写。它是由我的一位睿智的心理学家朋友薇·弗雷尔（Vee Freir）博士提出的。

1. 叫停

简单而坚定地叫停焦虑的想法，让大脑暂停片刻。如果你的想法快速运转，以致失控，你就无法应对焦虑。

2. 评估

你已经止住思维的快速运转，便可以专注于真实的情况（而不是想象的、惊慌失措的状态）。冷静思考：实际上发生了什么？你的身体和周围的情况到底是怎样的？它们是否和你想象的一样，抑或只是你的身心反应？

3. 确认

接下来，只需承认你当下的感受，不管它是什么，承认你的感受是自然的、真实的、暂时的。你当下的感受不会伤害你，它们只是提醒你可能出现的情况。

4. 放松

现在你可以使用第 91—109 页“即时操作”的其中一项

策略。这会降低你的焦虑，让你的身心能迈向下一步。

5. 行动

一旦你对自己的身体反应有了一定控制，你就可以采取行动来改善你的状况。例如，你可以将挑战分解成几个小步骤，然后开始处理它们。或者你可以制订一个时间表或清单，也可以寻求帮助。

即时操作

在接下来的几页中，你会发现很多快速应对焦虑情绪的策略，这些都是能让你感觉更平静的有效方法。当你出现心率过快、呼吸变浅、肌肉紧绷等症状，或身体感到不适、心中充满担忧时，请使用这些方法。

如何使用这些建议：

✿ 尝试几种呼吸策略和着陆策略，直到找到你最喜欢的方式。

✿ 在你真正需要用到它们之前进行练习。当焦虑袭来时，你要能够马上实施你的策略。你平时练习得越多，就可以越自如地使用策略。

✿ 同时练习第 106 页的“反其道而行之”策略，这是一个非常有用的方法。

✿ 如果你患有惊恐发作，也可以练习第 108—109 页的“管理惊恐发作”策略。

无论你的焦虑是否有具体原因，这些技巧都能帮助你迅速平静下来。

我们都需要这些放松技巧，所以请把它们教给你的家人和朋友！

呼吸策略

这些确实是每个人都需要掌握的基本技巧。当你受到焦虑的冲击时，它们可以立即控制你身体的反应。它们适用于轻度和重度焦虑。

呼吸训练有不同的方法，它们都有相同的目标，但不同的人对这些方法有不同的体验。你可以尝试所有方法，然后选择最喜欢的一种。不断练习，直到你掌握窍门，让它充分发挥作用。

呼吸策略 1

腹式呼吸

当你感到有压力时，通常会用上胸部呼吸，导致你的呼吸很浅。注意当你有意识地放松腹部，并让它随着呼吸移动时的感觉。这是一种更深沉、更轻松的呼吸，你会更放松。欢迎体验腹式呼吸！

① 舒适地躺在地板上或床上。也可以在椅子上进行，但刚开始练习时，躺下或至少靠在令人放松的椅子上通常更容易。

② 将一只手放在腹部，位置在肋骨下方，另一只手放在上胸部。

③ 用鼻子慢慢深吸一口气，感觉你的腹部向外鼓起。

④ 呼气时，感觉腹部向内收。注意不要用力收腹，腹部会自然收缩和放松。

⑤ 重复这个动作 8—10 次，注意腹部的鼓起和收缩。当你掌握了窍门后，可以尝试以坐姿和站姿的方式做同样的动作。一段时间后，你便不需要把手放在腹部和上胸部了，因为没有手的协助你也能感觉到正确的动作。你的手只是为了帮助你将注意力集中在正确的地方。

怎么做

提示

你可以搜索权威机构发布的有关腹式呼吸的视频，尝试更好地练习。

呼吸策略 2

4-7-8 呼吸法

这个策略鼓励你将计数作为呼吸的焦点，而不是腹部运动。但你仍然应该想象你的腹部在吸气时鼓起，因为这有助于提高放松的效果。

开始之前

* 你可能会发现这些特定的数字对你不适用。我个人觉得 7 和 8 都有点长，所以我平时使用的是 4–5–7。重点是呼气的时间应该比吸气的时间长，而且计数很重要，因为它能帮助你专注于呼吸。

* 计数的速度应该接近秒速。

* 如果你感到头晕目眩，请停止，休息一会儿再尝试使用不同的数字组合。

怎么做

① 舒适地躺下或坐好。

② 用鼻子吸气，同时从 1 数到 4（或任何适合你的数字）。如果你不能轻松地用鼻子呼吸，也没关系。

③ 屏住呼吸，同时从 1 数到 7。

④ 用嘴呼气，同时从 1 数到 8。

⑤ 重复以上动作 4 次。在你初次练习时，计数不要超过上面的数字。如果你能轻松做到并且没有任何不适，就可以将整个呼吸循环增加到 10 次。

呼吸策略 3
正方形呼吸法

另一种专注于呼吸，让自己平静下来的方法。

怎么做

① 舒适地坐好或躺着。

② 想象你面前有一个正方形。把注意力集中在左下角。

③ 用鼻子吸气，想象你的呼吸沿着左侧上升到左上角。

④ 屏住呼吸，想象你的呼吸沿着正方形的顶部移动到右上角。

⑤ 用嘴呼气，想象你的呼吸沿着右侧滑下。

⑥ 屏住呼吸，想象你的呼吸沿着正方形的底部移动到起点。

⑦ 重复以上动作 5—10 次。

提示

三角呼吸法有着相同的原理，但吸气时是沿着三角形的一边移动，屏住呼吸时沿着第二条边移动，呼气时则沿着第三条边移动。

呼吸策略4 五指呼吸法

这个策略对那些不擅长在头脑中想象画面的人很有帮助。

① 坐直身子，保持一个舒适的状态，伸出你的左手，掌心向外，拇指在右。

② 将你的右手食指尖，放在左手拇指根部，即它与手腕相接处。

③ 吸气时，你的右手食指沿着左手拇指一侧上移至其顶部。停留在拇指顶部，屏住呼吸几秒钟。

④ 呼气时，你的右手食指沿着左手拇指的另一侧下移。停留在底部，呼气几秒钟。

⑤ 再次吸气时，你的右手食指沿着左手食指的一侧上移至其顶部。当你呼气时，你的右手食指沿着左手食指的另一侧下移。每次到达一个手指的顶部和底部时，屏住呼吸几秒钟。

⑥ 继续在中指、无名指和小指上重复前面的动作，然后从小指侧根部与手腕相接处返回，直到回到起点。

呼吸策略 5

用 GIFS[1] 帮助呼吸

网上有很多可以帮助你专注于呼吸的 GIF 图片，它们对那些很难在头脑里想象画面的人来说很有帮助。

在互联网上搜索“呼吸 GIFS”或“帮助我放松的 GIFS”，就能找到相关示例。选择哪个由你自己决定。你不需要付费，但一定要避免任何带有广告的 GIF，因为它们会分散你的注意力，也无法令人放松。

你需要快速找到一个 GIF，而不是在网站上持久地滚动查找，因为这样做并不会让你感到放松，而且你可能会被一些新奇的事物所扰乱。因此，一旦找到你喜欢的 GIF 图，就可以把它保存到你的手机等电子设备上，需要时可以直接使用。

使用过几次后，你可能会发现自己已经可以在不使用设备的情况下想象它的画面。这样就再好不过了。

怎么做

① 通常情况下，有助于调节呼吸的 GIF 图片节奏舒缓、画面舒适。你可以跟随 GIF 的动作节奏，缓慢地呼吸。

② 注视 GIF 图片，专注于你的呼吸，你会渐渐平静下来。

① GIF 全称为 Graphics Interchange Format（图像互换格式），它是一种动态图像格式，也就是我们常说的“动图”。

呼吸策略6

热巧克力呼吸

这是一种结合了冥想和呼吸控制的巧妙练习。它采用视觉化的引导，并调动了所有感官，同时也让你的双手有事可做。老师们经常在课堂上使用它，因为几乎所有学生都能与之产生共鸣。

①舒适地坐着，可以选择闭眼或睁眼。

②双手放在面前，就像手捧着一杯美味的热饮。不要把它想象得太烫，这样拿着才舒服！

③想象双手感到的温暖，以及杯子的形状和它带来的触感。

④让杯子靠近你的脸，用鼻子吸气，想象这杯热饮的味道。

⑤用嘴有力但平稳地呼气，想象自己正在把饮料吹凉。

⑥重复这样吸气、呼气。想象这是一杯饮料，在它温度最适宜的时候，抿上一口，体验它进入口腔的味道与感觉。

提示

如果你不喜欢热巧克力，也可以选择想象其他任何热饮！

怎么做

呼吸策略 7
呼气

你是否经常听到人们说“深呼吸”或“深呼吸三次”？这其实是有问题的：当你感到紧张时，你的呼吸已经变得浅短，呼吸主要发生在你的胸腔顶部，如果你马上吸气（深呼吸），你的呼吸会变得更浅。更好的做法是先呼气，把气吐出去，而不是吸进来。

怎么做

① 当你发现自己感到焦虑，胸部呼吸急促时，你可以像吸气一样排出空气。

② 当你再次呼吸时，不用太在意吸气本身，而是更多地专注于用嘴缓慢地呼气出去。

③ 呼气的同时，想象紧张感随空气飘走。让你的肩膀自然下垂，腹部放松。

④ 重复以上动作 3—4 次，每次缓慢吸气（理想情况下应通过鼻子吸气），但要用力呼气，最好可以发出呼啸的声音。

提示

如果你把这个呼吸技巧作为首选，我建议你也可以练习前文介绍过的其他呼吸技巧。因为这个技巧实施起来的速度很快，可能带给你的平复时间不够长。

着陆或聚焦策略

这两个词的意思相同，不过我更喜欢“着陆”。当你非常焦虑时，你的思绪会到处乱窜，它们可能穿梭于过去（担心已经发生的事情）、现在（焦虑正在发生的事情）或未来（对可能永远不会发生或至少现在不会发生的事情感到紧张）。

着陆是一种重要的即时策略，主要用于以下三种情况：

1. 你想要或需要专注于某件事，比如一项任务、一个截止日期、一次紧急行动等，而你的思绪不断盘旋，使你的注意力无法集中。

2. 你的思绪飞速旋转，难以控制，占据了你的大脑，让你无法专注于积极有用的事情，也无法享受美好生活。

3. 你在某个让你苦恼的特定情境下感到恐慌，比如拥挤的火车站或其他嘈杂的环境。

在这些情况下，你需要一些东西来集中注意力，让你处于此时此地——着陆——这样你就能重新获得掌控感，做你需要或想要做的事情。

这有点像有人轻轻地拍着你的肩膀说：“别担心，你没事的，只要专注于眼前就好。”

接下来的几页有一些策略，你可以选择你喜欢的方法。

着陆策略 1

5-4-3-2-1 五感技术

这是一种简单而非常有效的着陆技术，可以帮助你缓解焦虑情绪。

开始之前

* 你需要把注意力放在某些事物上。如果你正在应对身边不愉快的事情，尽量选择与压力没有直接关系的事物。例如，如果你正在参加考试，可以尝试将注意力放在天空、树木、远处的声音等，而不是另外一个焦虑的学生或与考试相关的标语。

* 如果你有感官障碍，可以用想象来代替。例如，当我写这篇文章时，我已经因为感冒暂时失去了我的嗅觉和味觉，但我还能记起气味和味道，所以我仍然可以在脑海中进行这项活动。

怎么做

请按照步骤，将注意力放在以下事物上：

① 5 种你能看到的东西。

② 4 种你能触摸到的东西。

③ 3 种你能听到的声音。如果你足够仔细地听，你可能会听到风声、电器的蜂鸣声、鸟叫声、远处的声音以及你自己的呼吸声。

④ 2 种你能闻到气味的东西。

⑤ 1 种你能尝到的东西。

就是这样！开展一个简单的头脑活动，关注周围的事物，就能让你实现着陆，回到当下。

提示

现在你可以练习前文提到的某一种呼吸策略了。

着陆策略2

“三个三”着陆法

这是“着陆策略 1”的快捷版本，在恐慌情绪涌现时效果可能更佳。

怎么做

① 专注于三件你能触摸到的东西，思考它们的不同之处。

② 专注辨别三种你能听到的声音。

③ 用不同的方式移动身体的三个部位。

为什么是三个？因为这是个不错的数字！其实并没有什么神奇之处。如果你喜欢，也可以选择四个或五个。

提示

你可以用很多方式来调整这个策略。你可以设计一种包含三个动作的日常练习，并重复三次。

例如，你可以握紧拳头，然后松开，重复三次。你可以拿起三本书、三支笔或其他物品，判断哪个更重。只要你留意周围环境中的某个物品，并与之建立联系，你就能专注于当下，保持身心稳定。

着陆策略 3

感官着陆

有时，你会忘记自己与周遭的物理世界是连结在一起的。通常，一些非常简单的东西都能提醒你，此刻你就在这里，而非漂浮在空中。

① 选择触觉、嗅觉或味觉，并找到一个能触发该感官的物品。

* 触觉：也许是一个冰块、一杯热水或一把毛刷。

* 嗅觉：可能是一朵花、一块肥皂或味道浓郁的食物。

* 味觉：任何你喜欢的口味的食物，将其留在舌头上，而不是立即咀嚼或吞咽。

② 花一分钟时间专注于你选择的事物，同时注意你的呼吸。

③ 就这样！如果你愿意，你可以用其他东西再做一次。

怎么做

反其道而行之

你知道你的身体在压力或焦虑的情况下会有特定的反应，而且每个人的反应都不一样。反其道而行之，就是注意到你的身体对焦虑或压力的反应，并让它做出相反的动作。这有助于你控制自己的身体，就像牵着你的“护卫犬”并纠正它的行为一样。

想象一下：你的身体做出反应是正确的，就像你的“护卫犬”在发现危险时吠叫一样。但是，一旦主人收到信息，它就不需要继续吠叫了。事实上，如果狗不停地吠叫，主人也会感到烦恼和紧张的！

后面你会看到一些例子，教你如何将这个策略运用到实践中，快速缓解你的焦虑。

逆向思维

当你注意到你的身体或头脑因压力产生任何的反应时，试着故意做相反的事情，你会发现这能让你感觉更放松。当你对身体产生的焦虑反应越来越敏感时，你就会更容易做到。下面是一些例子。

- 如果你的呼吸急促，请让你的呼吸慢下来。
- 如果你吸气过多，请多呼气。
- 如果你的呼吸集中在上胸部，请将呼吸带到腹部。可以参考前面的腹式呼吸策略。
- 如果你的胃部感觉紧张，请让它放松下来。
- 如果你紧咬牙关或下巴紧绷，请有意识地放松那里的肌肉。你可以尝试将舌尖放在上颚前牙后方。
- 如果你的大脑告诉你要逃跑，但实际上并没有你需要避开的危险，那就集中精力停留在原地，专注于你所选择的呼吸策略和着陆策略。
- 如果你很想吃明知不健康的食物，那就吃几口美味的水果或香脆的坚果吧。
- 如果你开始咬手指或抠皮肤，请找点别的事让手指忙起来。

为自己刚刚做的事情感到骄傲吧！你对你的“护卫犬”进行了一次有效的训练。

管理惊恐发作

在继续阅读之前，请确保你已经练习了至少一种呼吸技巧。另外也可以回顾在第 57 页中我对惊恐发作的描述。

怎么做

① 大声地或在心里提醒自己，惊恐发作并不会真的伤害你。这只是你的身体产生了过多的肾上腺素，很快就会停止。

② 专注于你的身体。将舌尖轻轻地放在上颚牙齿后方，这有助于放松你的下巴和面部肌肉。

③ 开始使用你喜欢的呼吸技巧。

④ 感受你的呼吸变得柔和、放松，心率变得平稳。

⑤ 专心于日常事物，比如闻一闻自己皮肤的味道如何，听一听周围的声音如何，摸一摸物体的手感如何。你会发现，一切都是美好的，一切都是正常的。

⑥ 尝试你喜欢的着陆技巧。

提示

请你的家人和朋友阅读本页内容，这样他们就知道在你惊恐发作时该如何帮助你。他们可以重复说“不会有坏事发生”，并帮助你专注于你的呼吸。一旦你平静下来，他们就可以通过分散你的注意力来帮助你，比如逗你笑。但在你惊恐发作期间，分散注意力是没有用的，因为你的情绪太强烈了，而且在那个时刻分散注意力也是一种逃避，这是我们不推荐的。他们需要陪在你身边，不断安抚你的言语和动作。虽然惊恐发作是无害的，但它会阻碍你享受生活或获得你应有的成功。如果惊恐发作对你来说是一个大问题，请寻求专业帮助。

放松

在第 84 页，你学习了区分需要放松和需要分散注意力的情况。你所熟悉的“即时操作”显然是让人放松的。此外，你还有更多的选择。

接下来的几页会介绍一些令人愉快的放松活动。这些活动通常会帮助你放慢心率和呼吸节奏，减少与焦虑有关的反应，如出汗、恶心、紧张不安、担心等。你可以在完成任何一项“即时操作”后，再进行这些活动。

当你真正感到焦虑时，你也可以做这些事情，将其视为干预措施，但它们同时也是绝佳的预防措施。挑选几个适合你的技巧，每天做一两个，只要有机会就做。

你越是容易感到焦虑，就越要在一天之中进行各种各样的此类活动。不要特意等到周末或节假日，因为放松是健康生活的一部分，而不是奢侈品！

预防延迟反应

在第 37 页中，我谈到了如果你在创伤经历中压抑焦虑情绪，你可能会出现延迟反应。延迟反应是指在事件结束一段时间后，你才产生令自己不安的反应，就像危险过去后，“护卫犬”才开始吠叫一样。

如果你现在正在经历一件令你极度恐惧或痛苦的事情，我有一些建议可以帮助你管理当下的反应，降低日后出现延迟反应的风险。

① 如果你感到非常焦虑或痛苦，没关系的，你可以说出来。如果你觉得难以入睡、食欲下降、难以做出正确的决定或无法集中精力于日常事务，这些都是正常的。这不是软弱，不要试图忽视或否定这些正常的反应。当然，你需要重获掌控感，以便采取必要的行动，但不要过多压抑自己的情绪。

② 找个人分担你的忧虑。如果你的家人太忙或他们自身也正在情绪低谷，你也可以选择其他人。你需要一个能倾听并接纳你的感受的人。

③ 如果你找不到合适的人，请寻求专业心理咨询师的帮助，或直接拨打全国统一心理援助热线“12356”。

怎么做

④ 如果你能够进行任何的日常活动，如运动或见见朋友，那就去做。你可能不喜欢这样做，但这样做会对你有帮助。

处理延迟反应

如果你经历过一些创伤，当时感觉自己撑过来了，但现在却非常情绪化或脆弱，那么第 37 页的内容可能会使你安心。因为我最近也经历过这种情况，而且不是第一次了。

如果你现在或将来发生这种情况，我有一些建议给你。

① 告诉自己："这只是延迟反应，我没事。我的身体和大脑只是在劝我停下来照顾自己。"

② 使用你学过的呼吸策略和着陆策略。

③ 参考上一条策略，找一位信任的家人或朋友倾诉。

④ 允许自己多花一点时间来恢复心理能量，重获平衡，可能是几个小时，也可能更久。由于时间本身具有疗愈性，有一部分恢复会自然而然发生。当你将积极的体验和想法融入生活，恢复也会随之而来——参考下一条。

⑤ 想一想生活中哪些活动能给你带来快乐，然后做你能做的任何事情。也许是见一见密友，和朋友一起吃冰激凌，再看一部喜欢的电影。也可以独自在家烤蛋糕，录一段视频，安静地泡澡并给自己做一次手部按摩，或者出门散散步。

怎么做

正念

正念是一种广为人知的心理疗愈方法，许多人发现它对应对焦虑颇有帮助。你可以通过线上或线下的课程学习正念，也可以自学，只需得到一些权威网站和书籍上适当的指导。此外，你也能在当地图书馆找到相关资料。

接下来的几页将介绍如何将正念融入生活，但首先，有几件事你需要知道。

你需要知道的

* 正念可能会让你放松或分散注意力，甚至两者兼具。这取决于你练习正念时，头脑里在想什么。不过，它更可能让人放松，所以我使用了放松的符号。

* 如果你在练习正念时出现负面想法，只需承认它，然后放下它。把注意力重新集中在你原本想的事情上。

* 正念并不适合所有人。因为它要求你专注于当下的内心状态和身边的事物，你可能会发现你把注意力集中在令自己难受的事情上，这甚至会让你的心理状态更糟。如果你被诊断出患有心理健康疾病，请咨询你的执业医师是否建议你进行正念练习。如果你被诊断出患有创伤后应激障碍，尤其需要谨慎。

* 如果正念让你感觉更糟或对你无效，那就不要做。

正念策略 1

运用你的感官

你一直在用感官接收周围世界的信息。只是，你如此自然而然地使用感官，以至于并没有充分体会到这一点。

更加有意识地使用感官是正念练习最简单的方式之一。做到这一点很容易，因为你一生都在使用你的感官，所以你才是专家。

① 选择一个不会被打扰的时间段，并至少留出 10 分钟，最好是留出更多的时间来进行正念练习。

② 让自己处于舒适的状态。你可以采取任何你喜欢的姿势，只要你感到舒适、安全就好。

③ 依次使用每个感官，花几分钟时间尽可能多地察觉环境中的所有事物。对于每一种感官，你首先会注意到最明显的事物，但随后你会发现以前没有注意到的细节——墙上的细小裂缝，周围电器发出的嗡嗡声，你本以为光滑的桌面上其实有一些极细微的隆起的纹路。你注意到什么并不重要，重要的是集中注意力。

怎么做

提示

如果你缺乏某种特定的感官功能，那就专注于其他感官。如果你的某种感官功能受损，不过没有引起痛苦，或者你有理由继续训练受损感官，那么你仍然可以专注于它并尽力而为。这不会增加正念的难度。

正念策略 2
日常活动

这个策略听起来非常简单，但实际上很难坚持超过几秒钟。事实上，它的困难之处恰恰是它能有效缓解焦虑的原因之一：它可以帮助你把注意力从令你焦虑的事情上转移。这意味着它既能分散注意力，又能令人放松，尤其是当你做得好的时候。

① 选择一项不需要与人交谈或可以集中注意力的简单、熟悉的活动。可以是洗澡、穿衣服、梳头发、化妆、刮胡子、做早餐、走路上学、逛商店、整理储物柜、搭公交车或准备睡觉。

② 在进行这项活动时，专注于细节，将所有注意力集中在这些动作上。如果你发现有其他想法涌入，轻轻地将注意力拉回到任务上。

③ 开始意识你平时没有注意到的一切：你的手在做什么、动作的顺序、周围的环境、你的心理感受、你的呼吸和心率。关注你的关节、肌肉和皮肤。

④ 每天做 2—3 次，每次几分钟，或者依据活动所需时间而定，只要想到就做。每次练习，都让自己更加平静。

怎么做

正念策略 3

空间里的身体

本体感觉指即使你看不见自己的身体，你也能知道它在哪里以及正在做什么。如果你闭上眼睛，挥动手臂，你可以感觉到你的手在哪里。即使不看，你也能够感觉到自己的头、脚和身体的每一个末梢。觉察这种感觉会使人身心稳定和放松。请注意，身体上的差异可能让你在做某些练习时感到困难，甚至无法做到，没关系，尽力而为即可。

怎么做

① 请坐下，闭上你的眼睛。整个练习过程中都要保持闭眼状态。保持静止不动，用意识扫描身体，想象你的脚和手，不需要移动它们。

② 现在将你的双手伸到身前。摆动你的手指，转动你的手腕，想象并感知它们。

③ 让双手的食指互相触碰。你可能会有轻微的失误，但基本上你闭着眼睛也能够做到这一点，除非你非常疲劳或本体感觉出现问题。另外，如果你最近使用了某些药物，也会增加做这个动作的难度。

④ 用一根手指触摸鼻子；将你的双手背在身后相互碰触；依次用两只手触摸你的耳朵。

⑤ 伸直两条腿，缓慢地转动脚踝。如果可以的话，弯曲和伸直膝盖几次。接着，用两只手分别触摸你的膝盖。

⑥ 如果你一直闭着眼睛，你就已经证明了自己的本体感觉能力，同时也练习了这些技能。你应该也会感到更加放松和身心稳定。

正念策略4
专注于一件事物

一个简单的策略，选择一种感官和与之相关的事物，并注意观察这个事物的细节。因为你必须集中注意力，所以这个策略起到的效果可能是分散你对焦虑对象的注意力，也可能会让你感到放松。

怎么做

① 从以以下建议中选择一个，或者自己想一个：

* 握住一个冰块。感受它冰冷湿滑的触感，注意你想擦掉水的冲动——忍住，放慢呼吸。一直握着它，直到它完全融化。
* 把一个冰块放入口中。感受它的坚硬和湿滑，冰凉的水顺着你的喉咙滑下，想象它流经你的身体。
* 找一个刺状物（发梳、钢丝球、粗糙的门垫等），用它轻轻按压你手臂上的皮肤，比较一下与按压在你手掌上的感觉有何不同。
* 把三种水果片分别放在三个相同的碗里。把它们放在你面前的桌子上，闭上眼睛，移动它们的位置，直到你无法分清它们。依然闭上眼睛，拿起一个碗，用嗅觉辨别其中的水果，并用文字加以描述。对其他两个碗中的水果重复以上动作，

然后分别把每个碗中的水果放进嘴里，辨认它们不同的味道和质感。你能描述一下这个过程吗?

② 每天花几分钟时间做这个练习，注意你会感觉变得更平静，练习也会越来越容易。如果出现负面的想法，想象自己平静地注视它们，然后看着它们自然消散。

冥想

正念和冥想相似但不相同。正念要求你以警觉而又放松的方式注意到周围世界的一些特定细节，它并不试图阻止焦虑的出现，而是帮助你与焦虑共处，不被它们威胁。这使得正念对多数人而言是一种很好的放松策略，但它通常不是最佳的分散注意力的策略。

冥想时，你会将注意力集中在某一特定事物上，从而远离并忘记你的烦恼——不管你的烦恼是什么。与正念相比，冥想的专注力更强。在正念中，你会注意到周围的事物，而在冥想时，你会更专注于一个目标对象，它可以是你脑海中的事物，也可以是眼前的实物。这使得冥想成为一种有效的分散注意力的策略，同时也能让人放松。

接下来的几页将介绍一些可以练习的简单策略，它们更趋近于冥想，而非正念。

冥想策略1

身体扫描

这项策略将你的身体作为意识的焦点，这会给很多人带来一种深度放松。有时，身体扫描练习会让你的心神如入无人之境，从而起到分散注意力的作用。

① 让自己处在一个舒适的状态，确保你不会被打扰。

② 如果你愿意，可以播放轻柔的音乐。试试鲸鱼的歌声或自然界的白噪音，比如海浪声或流水声。你可以在网络上找到这些音频。

③ 闭上眼睛，这样效果最佳。如果你不喜欢，不闭也没关系。

④ 放松，让你的呼吸变得缓慢而柔和。

⑤ 专注于你的脚趾和脚掌。随意扭动脚趾或转动脚踝，重复数次，然后放松。再一次放松。完成以上练习，伴随呼吸调整。

⑥ 将你的注意力集中到小腿和膝盖上。再次放松它们，感受它们随着每一次呼吸变得非常柔软。

⑦ 将注意力慢慢上移到你的身体，扫描每组肌肉的同时，进行几次呼吸。你会依次经过你的臀部、腹部、胸部、肩膀，再从你的手臂到手掌。然后

怎么做

是你的脖子、下巴、后脑勺，再向下移到你的面部，注意力经过眼睛、脸颊和嘴巴。多花点时间放松面部肌肉，因为面部肌肉通常是非常紧张的。

⑧ 可以再进行一次上述步骤，或者专注于身体的任何部位，在脑海中感受它，觉察你是如何沉入更深层、更柔和的放松中。

冥想策略2

想象你的快乐之地

想象自己在一个让你感觉非常放松的地方，待在这里可以显著降低你的心率。任何人都能做到这一点，但如果你经常练习，就会发现两个好处：首先，你可以立刻决定要想象什么，这样你就不会浪费时间去琢磨；其次，你会变得越来越擅长做这件事情。这是一种非常简单的冥想方法。

① 让自己处在一个舒适的状态，尽量保证在接下来的几分钟内不会被打扰。

② 闭上眼睛。

③ 按照你选择的呼吸方法做几次呼吸。

④ 想象自己身处一个让你感到快乐的地方。可以是一个实际存在的地方，或者是你想象中的某个地方。

⑤ 构建细节——细节越多，冥想效果越好，你越有可能乐在其中。开始时你会使用视觉，但不要忽略其他感官：想想你能听到什么、闻到什么、尝到什么？你的皮肤有怎样的感觉？是温暖的还是寒冷的？你能感受到微风吗？这里有什么让你心生欢喜？你所在之处让你想到了什么？

怎么做

⑥ 尽可能长时间地停留在你的快乐之地。

提示

下一页将为你提供更多关于如何想象自己身处快乐之地的指导。

冥想策略3

更多视觉化想法

在上一页，我请你想象自己身处一个让你感到快乐的地方，有些人会觉得有点困难，所以这里有两个引导你进行想象的案例，请选择一个你喜欢的。

① 找一个舒适的地方，最理想的是你在这个地方一段时间内不会被打扰。闭上眼睛，花一分钟专注于你的呼吸，让它变得缓慢、深沉、放松。

② 把你的思绪带到你能想象到的任何美丽的地方。这里有两个案例：

* 在一个美丽的花园里，你正躺在一张吊床上，被沙沙作响的树木环绕着。阳光明媚，斑驳的树影洒在身上，温度刚刚好。你没有压力，没有任务，假期还在延长。没有人会打扰你，你很安全。触手可及的是一杯美味的冰镇西瓜汁或芒果汁，玫瑰花的香气随风飘来。你的肌肉沉入深度的放松，你的思绪缓慢地游荡。
* 你在平静的海边赤足漫步，细沙在你的脚下摩挲，咸湿的海风吹散了你的烦恼。清晨的阳光洒落在你的皮肤上，细浪温柔地拍打着你的脚踝，

一波刚退，一波又来。你不禁张开双臂奔跑，任风吹拂。你在宽阔起伏的沙滩上飞奔，精神饱满。渐渐地，你放慢脚步，让身心沐浴在海水、空气和阳光之中。你面带微笑，心情愉悦，生活如此美好。

情绪释放技术（拍打疗法）

拍打疗法是情绪释放技术的别称，人们常用它治疗焦虑、疼痛和创伤后应激障碍。这种疗法尚未得到证实，但其原理可能与指压①和针灸相同，而这两种疗法都有良好的研究支持。

拍打疗法、针灸和指压都是基于这样一种理论：我们的身体拥有能量通道，通过对身体某些特定穴位施压，可以疏通经络，帮助缓解情绪和身体上的痛苦。

拍打疗法是可以自学的，不过只有专家才能确保你的做法是对的。以下是我的通俗解释，希望可以让你有个大致的了解。

拍打点主要在以下位置：

1. 后溪穴，在你小指一侧手掌边缘的中间。
2. 百会穴，在你的头顶。
3. 攒竹穴，在你的眼睛上方，靠近鼻子一侧眉毛边缘的地方。
4. 瞳子髎穴，在靠近颧骨一侧的眼睛边缘。
5. 承泣穴，在眼睛的下方中间。
6. 人中穴，在鼻子下方。
7. 承浆穴，在嘴唇下方，下巴的凹陷处。
8. 大包穴，在腋窝向下一掌宽处。
9. 锁骨下方，两侧锁骨中点下方约 2.5 厘米处。

---

① 一种治疗疼痛或其他疾病的方法，以手指按压身体特定部位。

如何实施拍打疗法

开始之前

＊ 大部分拍打点在身体两侧都有，但不必两侧都拍打，也不必只拍打其中一侧，可以更随意一些。

＊ 你可以使用任意一只手。

＊ 使用一根以上的手指可以确保你拍打到正确的位置。

＊ 你需要聚焦于你自己的问题，而不是别人的问题。如果你因为别人而感到焦虑，请看一看自身有什么需要改变的地方。例如，你担心别人是否喜欢你，那么你的焦虑本身才是问题所在，与别人的看法无关。

怎么做

① 确定拍打点，可以参考之前的内容。

② 明确你想要解决的问题，并创建一个关于它的“接纳声明”。例如你可以对自己声明：“虽然我担心……但我深深地、完全地接受我自己。”

③ 重复该声明，同时用两三根手指多次拍打第一个点（后溪穴），直到你感到自信为止。

④ 依次拍打每个点五次左右。

⑤ 注意你的负面情绪或焦虑是否在此期间有所减轻。

其他放松活动

以下这些方法都能起到放松的作用。请记住，如果在一项活动中，你必须全神贯注，那么它可能有助于分散你的注意力，但未必能使你真正放松。当你做一个活动时，请注意它的作用是放松还是分散注意力。

① 选择以下任意一项，每天做一项。

* 洗澡。留出时间，将浴室布置得舒适惬意，打造成自己喜欢的样子。使用你喜欢的沐浴产品，记得关掉手机并把它放在浴室外面。
* 听音乐。音乐可以影响情绪，所以选择一些能达到你期望效果的音乐，比如振奋精神或平静身心，由你自己决定。
* 给自己做一次面部护理或手部护理。可以是自己做，也可以与家人或朋友互相帮忙。
* 涂色。你可以找到许多涂色类书籍，也可以在网上找到好看的涂色图片。
* 绘画。拿出一张纸，按照你自己的喜好创作一幅画。

② 当你进行自己选择的活动时，提醒自己这一切都是为了改善心理健康和应对焦虑。这些活动并不是奢侈品，但对健康来说至关重要。

提示

请翻到下一页，你会发现一种真正能让你放松的最佳方法。

亲近自然

大量研究表明，大自然对人们的心理健康相当有益。当你身处大自然之中，沉醉于欣赏生机勃勃的绿色植物，或在优美浪漫的海边散步时，你的心率就会放慢，压力会减轻，心情也会变得愉悦。甚至有研究表明，欣赏自然景色有助于人们更快从疾病和受伤的状态中康复。

但如果你住在城市里怎么办呢？让我给你介绍一些选择。

① 在网络上找一张自然风景图片并设置为电脑或手机屏幕的背景，如果你不经常使用电子设备，也可以找一些纸质的画册或海报，以便随时观赏。你可以选择森林、丘陵、大海，也可以选择马匹、羊群，或者找到特写镜头下花朵和昆虫的图片，你会惊叹大自然的壮丽与神奇。

② 聆听大自然的声音。例如刮风声、下雨声、海浪拍打岸边的声音等，在冥想或呼吸练习时，你可以用它们作为背景音。

③ 如果你一边听这些声音，一边欣赏自然景观，效果会更好。例如你可以坐在公园里听鸟叫声的录音。

怎么做

④ 周末的时候你喜欢去什么地方呢？把手机放进口袋里，尽情享受身处绿意之中的惬意，或欣赏湖泊和大海的景色。

⑤ 去当地有树木和草地的公园。花点时间仔细观察植物，触摸树皮的纹理，坐在长凳上聆听鸟鸣，或者躺在草地上观赏云彩。

面部自我按摩

完全免费！按压面部不同的穴位可以释放紧张情绪，你只需要花点儿时间就可以做到，这种放松的事情总是有益的。这也是一项正念活动。

① 布置一个安静舒适的环境，最好是在卧室或浴室。调整灯光、温度，如果你喜欢也可以准备一些香氛，营造尽可能放松的氛围。

② 穿上舒适的衣服，脱掉鞋子，摘掉首饰和眼镜，清洁并擦干双手。

③ 如果你想的话，可以使用适合你面部肤质的乳霜或润肤油。如果你不想使用任何护肤品，也没问题！

④ 舒适地坐着，缓慢呼吸几次，放松腹部肌肉。

⑤ 用双手的两根手指，缓慢地在太阳穴上打小圈按摩。

⑥ 手指沿着太阳穴缓缓移动到眼睛外侧，再到颧骨，接着向下，顺着脸颊侧边，绕过下颌骨移到下巴中心，再沿着下巴向上，经过嘴巴外侧边缘，沿着鼻旁的脸颊向上，直到再次回到眼睛，最后回到太阳穴。

⑦ 在感觉特别舒服的地方多花点时间按摩，让自己慢慢放松下来，呼吸变得柔和，肩膀自然下垂。

怎么做

手部或足部自我按摩

我确信由经验丰富的按摩师提供手部或足部按摩能带来更深层次的享受，但自己动手按摩会更加轻松惬意，而且几乎免费（除了需要准备少许乳霜或润肤油）。按摩后，你的手部和足部都会感觉非常舒适，看起来也更富有光泽。

怎么做

① 做好跟面部自我按摩前一样的准备。

② 理想情况下，你需要护手霜或润肤霜，又或润肤油，但不需要任何昂贵的护肤品。

③ 清洁并擦干双手。如果你要按摩足部，请同样清洁并擦干足部。

④ 将乳霜或润肤油涂在手上，按摩手脚的每个部位。用大拇指按压任何肌肉紧张的地方，注意按摩要有一定力道。正常情况下，不会有很明显的疼痛感，如果有令你不适的痛感，请停止按摩该部位。

⑤ 额外提示：

* 尝试遵循一定的顺序，而不是随意地按摩不同部位。例如，你可以依次按摩每根手指、每根脚趾，保持朝一个方向按摩，并尝试以类似的方式按摩另一只手或脚。

* 轻柔地拉伸手指和脚趾。
* 不要忘记手指和脚趾的最末端。
* 尽可能放松正在被按摩的手或脚。
* 想象你的紧张感随着按摩逐渐消失。

使用重力毯

如果你没听说过重力毯，那它可能看起来是个奇怪的想法，但确实有令人信服的研究表明它们是有效的，许多人认为它很有帮助。重力毯最初用于帮助自闭症患者，因为这种毯子的主要作用是舒缓和安慰，而自闭症患者常常面临极度焦虑。

重力毯有助于缓解焦虑、睡眠问题甚至抑郁。它们之所以有效，可能是因为包裹在你身上的毯子带来的重力感，就像是你被拥抱着的感觉。

美中不足的是，重力毯的价格并不便宜，不过随着它们越来越受欢迎，价格已经有所下降。或许有关心你的家人和朋友，会将它作为生日礼物送给你呢！

怎么做

① 你需要选择一条尺寸和重量都适合自己的重力毯。任何一家销售重力毯的公司都应该提供明确的相关信息。如果这条毯子不适合你，他们应该允许你在规定时间内退货。

② 第一次使用，建议先盖 15 分钟。你可以在沙发上、椅子上或床上放松休息时，试试盖上这个毯子。你可以将毯子裹在身体的特定部位，如腿部或肩部。

③ 你还可以在瑜伽活动结束时使用它来帮助你放松，或者在正念和冥想练习过程中使用。

④ 感受舒适的重量帮助你的肌肉放松，你的心跳和呼吸逐渐平缓。花点时间留意它给你带来的感觉。

分散注意力

至此你已经掌握了不少放松策略，但要知道这些策略对于管理焦虑思维并不那么有效。当侵入性的负面想法充斥你的脑海时，你需要采用分散注意力的策略抢占阵地，不给负面想法留空间。

在后面几页的建议中，你可以选择任何你喜欢的。每个人都存在个体差异，对别人有效的可能对你无效，对别人无效的可能对你有效。不过，我总是希望鼓励你尝试新事物！

做完这些活动后，你可能也会感到放松，但我仍将它们归类为分散注意力的策略，因为这是它们特定的用途。另一个好处是，它们也是有益于健康的活动，可以用于工作学习之余的休息。

你可能认为分散注意力策略是一种逃避，这也是我建议你先做放松训练的原因——它们是绝对必要的，需要优先使用，但分散注意力练习也是非常健康的，尤其是在使用真正的放松策略之后。当然，你不可能一直处于积极放松的状态！在不同类型的策略之间，以及在工作、睡眠、饮食和生活其他方面之间取得平衡，才是我们的目标。

社交

与人相处能让我们减少忧虑，而独自一人会让我们想得太多。因此，花时间与朋友相处或结交新朋友，可以缩短我们的忧虑时长，还能给我们带来新的机会，帮我们发展新的技能。

并不是每个人都喜欢和很多人相处，如果你在社交活动中感到紧张，甚至有压力，其实是很正常的。我建议你找到自己喜欢并能轻松实现的人际互动方式，并寻找这样的机会与人交往。你不一定要和一大群人在一起，选择和一两个亲密的朋友交往是同样有效的人际关系。

如果你天生文静，你可能偶尔需要推自己一把；如果你有社交焦虑症，你可能需要更多的帮助。后面将有一整节的内容帮助你解决社交焦虑和在他人面前讲话的问题。

① 约一个或多个朋友在电影院、咖啡馆或某人家中见面。

② 参加一项课后活动，如戏剧和手工作坊。

③ 计划一次朋友聚餐，每人带一道菜。

④ 找到有共同兴趣的人，并花时间与他们一起去探索和享受该兴趣。

⑤ 计划一次旅行、野餐或散步。

提示

如果你感到太焦虑而无法尝试这些想法，请查看第 190 页。

怎么做

用写作表达自己

如果你以前没有尝试过这种方法，一开始可能会感到很困难。但是，把自己的想法写下来，或者以任何文字方式表达自己都是一个缓解焦虑的好方法，它也能带来很大的满足感。

有三种方法可以尝试：

1. 写下自己的焦虑。

2. 写日记，记录发生在你身上的好事和坏事，或者只是你一天中的随想。

3. 只管写出来。这会让生活更有趣，也会为你提供更多灵感。

在接下来的几页中，我将逐一讨论这些方法。无论你尝试哪一种，请注意：

✩ 最好使用纸和笔，如果身边暂时没有，也可以使用电脑或其他设备。

✩ 你不必向任何人展示你所写的内容。如果不想让别人看到，可以使用一个笔名，并采取其他措施保密。

✩ 你不必担心字形、标点或笔迹，一切只为自己而写。

提示

关闭手机和任何能上网的设备非常重要，这样可以帮助你专注于写作。

写作策略1

写下你的焦虑

在两个特定的时刻，写下你的焦虑会有帮助。第一，当你正在经历或刚刚经历一段糟糕的体验，你想处理它并让自己感觉好一些的时候。第二，当你试图入睡，希望反复出现的焦虑想法可以停止的时候。

① 如果你想描述正在发生或已经发生的坏事，可以用第三人称（“他”、“她”或“他们”，而不是“我”）来写。这有助于你从外部来看待事件，思考它们的时候会没有那么情绪化。你可以用任何你想要的方式讲述故事。

② 如果焦虑让你无法入睡，就把它们写在纸上，注意不要写在电脑或其他设备上。如果你打算明天对这些焦虑做些什么，也可以写下来，然后把纸折起来，放在床边，接着上床、关灯，专注于此前练习过的某一种可视化策略。

③ 试着感受一下，当你把焦虑诉诸文字，就好像把它们从头脑中清除了，它们失去了对你的影响力。

④ 写下这些焦虑后，你可以选择保留或毁掉那张纸。

怎么做

写作策略2

写日记

有些人发现写日记很有帮助，这让他们身心稳定、立足当下、感到安全。他们可以用正念的方式专注于自己，而不是让这些念头不断在脑海中盘旋，失去控制。

怎么做

* 你可以使用空白的笔记本，也可以购买印有写作提示的日记本。如果你不知道写什么，有些日记本里印有提示框，可以为你提供具体的写作思路。有些日记本还附有表情符号供你选择，让你可以表达自己的感受。从幼儿到成人，各个年龄段都有适合的日记本——找到适合自己的那一本吧！
* 养成每天在同一时间写作的习惯是很好的，睡前是最理想的时间。写日记只需要几分钟。
* 有些天你可能写得很少，或者什么都不写。没关系，这是你的日记！

注意事项

有些人发现写日记并没有什么帮助，反而让自己感觉更糟。如果你发现写日记会让你更加焦虑或不安，请暂时停止。或许以后你会喜欢上它。

写作策略3

只管写出来！

上学时，我经常写一些忧郁的诗歌和故事。我喜欢待在虚拟世界的安全空间里，尽情释放自己的情绪。这对缓解焦虑很有帮助，因为你可以完全沉浸其中，这样你的大脑就没有空间去想其他的烦恼。

① 坐下来之前先决定好写什么，大多数人在面对纸张或屏幕时无法产生写作的灵感！

② 找一个你不受打扰的时间，你可以戴上耳机听音乐。

③ 只要先写下一些文字就好，不要一开始就评判它们。一旦开始，你可以继续写下去或者改写。

④ 尝试至少写 25 分钟，然后停下来休息或改写。

⑤ 为自己感到骄傲，要知道你刚刚把一些文字以完全独创的方式串联起来了！

帮助你启动写作的建议

* 以你喜欢的一首诗或者歌曲为灵感，创造你自己的版本。
* 挑战自己不使用某个特定的字词，写一个故事或一首诗。

怎么做

* 从你喜欢的书中挑选一个角色，为他们写一个新故事。
* 为你知道的一个故事写一个不同的结局或续集。
* 写一个以你为主人公的故事。

提示

请利用你入睡前的时间来构思写作内容。

用艺术表达自己

如果你认为自己有艺术天赋，你可能已经在花时间画画或从事其他艺术创作了。但如果你认为自己没有艺术细胞，请再考虑一下吧！有很多简单有趣的方法让任何人都能够通过视觉创意来表达自己，而且，这也是让你的大脑远离焦虑的好方法。

① 超级涂鸦。这是我自创的一个词，指拿出一张白纸，然后用你的涂鸦填满整张纸。从一个角落开始，也许是画个蜘蛛网，也许是平行的波浪线，一直画到整张纸被填满为止。你可以一边听音乐，一边画画。

② 涂色。你小时候可能玩过涂色游戏，如今，很多成年人也爱好涂色。你可以购买涂色书，或在网络上找到可下载的涂色图案。

③ 折纸。折纸是一门古老的艺术，学习起来非常有趣，人们仅仅用纸张就能呈现出三维立体形状。同样，网络上也有很多资源。

④ 纸上设计。全套服装与发型、梦想中的卧室、森林中的树屋、巨型轮船和火箭……让你的想象力起飞吧！

烹饪或烘焙

每个伟大的厨师都有着共同的经历：按照食谱烹饪，犯下不少错误，成功和失败的尝试……烹饪可能是应对焦虑的好方法，因为它要求你必须专注于自己正在做的事情，暂时忘掉烦恼。

怎么做

① 决定你想烹饪的菜品。这道菜品应该是你想吃的，如果你是新手，最好选择难度比较低的。与家里的大人商量一下，一起准备好食材和厨房用具。

② 你可能更喜欢自己一个人下厨，但如果你是未成年人，请确保有家长在旁边，以防出现问题。如果你喜欢和别人一起下厨，那就一起动手做吧！

③ 至少将完整的食谱通读两遍。提前准备好所有厨房用具和食材，这样你就不会因为时间仓促而手忙脚乱。食谱上标注的烹饪时间往往只涵盖了实际制作过程，不包括采购、清洗、称量的时间。

④ 准备好了，按部就班，开始烹饪！

快乐阅读

快乐阅读可以增进知识、激发灵感、培养同理心、提高自尊、拓宽视野、减轻压力和焦虑。

当你沉浸于阅读，你就无暇担心那些让你焦虑的事情。你的大脑会得到休息，在阅读中暂时忘却烦恼。

① 显然，如果你已经爱上了阅读，就不需要我告诉你怎么做了。只管去读，不过理想的情况下是在睡觉前阅读。

② 请相信阅读会让你在很多方面感觉更好。你可以做一个简单的试验，用数字 1—5 来表示你的焦虑等级，然后每晚在阅读前后分别记录一下你的焦虑程度。坚持一段时间后，观察阅读是否给你带来了舒缓情绪的作用。

③ 你可以选择任何你想读的书，如深刻的、轻松的、有趣的或幼稚的书。不管什么书，只要它有一定篇幅，又具有吸引力，能让你看得进去就好。

④ 如果你不知道自己喜欢哪一类的书，可以去图书馆找找灵感，或者请家人与朋友为你推荐。

⑤ 阅读有助于睡眠，睡前请放下手机，阅读 20 分钟。

怎么做

看电影或电视

这是最简单的分散注意力的方法之一，对大多数人来说比阅读更容易。当你沉浸在电影或电视节目中时，你就不容易感到焦虑。不过，请务必阅读以下所有要点，因为有一些需要小心的地方。

怎么做

① 显然，你可以直接找一部电影或一个节目观看，但以下几点很重要。

② 注意你可能体验到的情绪。如果你已经感到悲伤，就不要看令人悲伤的电影；如果奇幻故事让你害怕或影响睡眠，就避开这类题材的电影；如果你有饮食障碍，就不要选择可能引发你食物焦虑的电影。

③ 最好不要在睡觉前太近距离地看屏幕，因为它们容易让人警觉或兴奋。此外，一部电影通常很长，很可能占用你本该睡觉的时间。而且，如果你是在线观看，很容易继续浏览系统推荐给你的更多内容。请关闭所有推荐和广告，因为它们不太可能对你的精神状态有帮助。

④ 选择适合自己年龄段的电影。

⑤ 最后，确保你还执行了其他分散注意力的策略，如体育和社交活动，你需要多种健康的活动方式。

玩电脑游戏

很多人都说玩游戏让他们感到放松，其实他们通常的意思是游戏可以分散注意力。关于这种方式，有一些重要的因素需要考虑。

开始玩游戏之前

（1）在必要时暂停游戏，比如吃饭或做作业的时候。如果你不能设定好游戏时间限制，就会出现问题。

（2）你还需要其他分散注意力的活动，包括体育活动和面对面的社交活动。

（3）玩游戏一定不能妨碍健康的生活方式，如均衡饮食、保持运动、完成学业、维护友谊以及保证充足的睡眠时间。

（4）游戏应该给你带来积极的情绪体验，如果它让你更加焦虑、易怒或不满，那对你就没有任何帮助，反而会加重你的焦虑。

怎么做

① 选择一款能让你得到适当放松或帮助你分散注意力的游戏。

② 设定时间限制，最好不要超过 1 小时，可以使用计时器提醒自己。

③ 每隔 10 分钟，让你的眼睛休息一下，看看远处的风景。

④ 每隔30分钟，站起来活动一下身体。

⑤ 之后，做一些完全不同的事情，最好是涉及身体活动的。

提示

如果你觉得自己无法控制游戏时间，这种方式对你产生了负面影响，或者你为此感到焦虑，请与你信任的成年人聊聊，他们会理解你并帮助你找到对策。

其他分散注意力的方式

这里还有一些分散注意力的方式可以选择。

① 任何爱好。你可能借此找到新朋友和新机会。

② 笑。笑能振奋精神，降低焦虑。你可能并不总是想笑，闲暇的时候，你可以尝试看看轻松有趣的书籍、电影或短视频，那么就有东西能让你笑起来了。

③ 观看体育比赛。如果你是某个球队的粉丝，那么观看他们的比赛是转移焦虑的好方法。如果你有爱好的体育项目，你也一定能找到可以观看的比赛，比如体操、花样游泳或任何一项技艺水平令人着迷的竞技比赛。

④ 阅读一首诗或一首歌的歌词。这么做的额外好处是可以提高你的记忆力，那些优美而有意义的文字会激励你。

头脑管理

让我们来关注你的头脑，关注你的想法和感受。目前为止，我一直把精力集中在与行动有关的策略上，也就是强调做或不做某件事。我之所以从行动开始，是因为我注意到处理和改变身体上的感觉往往比改变大脑的想法更容易、更快速。但焦虑源自你的内心，因此你需要关注那些引起你焦虑或紧张的想法、反应和情绪。如果不关注自己的想法和情绪，你就无法真正应对焦虑。

头脑管理的某些策略非常简单，某些策略则需要更多的练习，甚至可能需要别人的帮助，你才能学会。大多数策略都是基于认知行为疗法的原则，因此下一页我将解释该疗法是如何进行的。

认知行为疗法（CBT）

认知行为疗法（Cognitive Behavioral Therapy），我们可以拆解这个词语的组成部分。“认知”的意思是“通过思维活动认识、了解”，如想法、信念、观念等；“行为”指“受思想支配而表现出来的活动”；“疗法”则是“治疗疾病的方法”。因此，认知行为疗法是一种治疗方式，涉及到审视你的想法和信念，并在必要时改变它们，从而促使你以一种更加有益和积极的方式行事、感受和思考。

例如，你对参加体育运动感到非常焦虑。假设这是因为你不喜欢自己的身体，并且你认为当自己换运动服时，每个人都在评判你。这就会导致你逃避参加有益身心的体育运动，产生消极的结果。在这种情况下，认知行为疗法可以帮助你塑造健康的思维方式，让你减少对参加体育运动的焦虑感。通过改变你的想法和信念，你会改变身体的反应，从而改变你的行为方式，使自己不那么害怕，渐渐地更有能力去做你曾经害怕的事情。

认知行为疗法可能是治疗包括焦虑症在内的各种心理健康问题的最常见方法，它有大量可靠的研究成果支持，并被医疗专业人士广泛推荐。

如果你寻求专业人士帮助治疗焦虑症，他们很可能会使用认知行为疗法。接下来，我将介绍的策略也与认知行为疗法的原则密切相关。所有这些策略都有着相同的目标：通过培养更积极、更具建设性的思维方式来减轻你的焦虑。

只是此刻

无论你现在正在经历什么，你的感受都只是你此刻的感受。无论你的焦虑是关于当下正在发生的事情，还是将来可能发生的事情，你对它的感受在以后一定会发生变化。

我有一个非常简单的策略，同时它也是一个非常强大的思维工具。如果你打算只尝试本节中的一个策略，那就非它莫属了！

怎么做

① 每当你感到焦虑、悲伤、恐惧、愤怒或不安时，请在表达你感受的陈述句之前（或之后）加上“只是此刻”。例如：

* “我很担心我的考试”——“我只是此刻很担心我的考试”。
* “我睡不着”——“我只是此刻睡不着”。
* “我感到焦虑和恶心”——“我只是此刻感到焦虑和恶心”。
* “我对他感到非常生气”——“我只是此刻对他感到非常生气”。

② 想想“只是此刻”这个词，它意味着什么？它提醒我们，情绪是会变化的。情绪就像溪流，它会

流淌至它能找到空间的地方。只是此刻，水流的形态意味着你正在体验焦虑、悲伤、愤怒，但很快水流的形态和周围环境都会改变。水一直在流动，当它流经不同的地域时，它的形态也会随之变化。

③ 我们经常用一句话来宽慰自己或别人，也许它已经是老生常谈，但真的颇有道理！这句话就是“一切都会过去的”。这句话经受住了时间的考验，它在一百年前、五十年前和今天都一样有意义。因此，当你感受到任何强烈而不适的情绪时，请对自己说出这句话。

识别你的消极想法

也许你的脑海中会不断浮现一些消极的想法，比如“我什么都做不好”“我的脸、头发、腿或身材很难看”“别人不喜欢我”“我考试会不及格”“我永远都找不到好工作，也不会过上幸福的生活”“我永远都比不上他”……如果你只是偶尔出现这样的想法也很正常，它并不会让你裹足不前，也不会对你造成实质伤害。

如果这些想法经常出现，让你感觉很糟糕，并且拖累了你的正常生活节奏，妨碍你抓住机遇和追求更高的目标，那么这些消极想法本身就是一个问题了。

请注意，它们只是你的负面思维引起的，而非现实。

怎么做

① 花几分钟时间想想你有哪些典型的消极想法，以及这些想法发生的频率如何。它们是否严重？它们是否对你造成阻碍？它们是否妨碍你参加活动、抓住机会，以至于让你无法取得成功？

② 现在，选出一个消极想法并挑战它。它有什么证据支持吗？它是由于你缺乏自尊引起的吗？如果这个消极想法只是来自于你对自己的感觉，而没有证据，那么它还会有那么大的影响力吗？如果

是别人的评价让你产生了这种消极想法，你为什么要相信他们？他们会不会是错的呢？

③ 回顾你的消极想法如何影响了你的行为。它会阻止你努力争取吗？它是否让你回避某些可能改善你生活质量的事情？如果是这样，尝试改变这种想法是值得的。

④ 请继续阅读后面两页，逐一思考其中的建议。

重塑你的消极想法

思想只是你头脑中的文字，是你的大脑创造了它们。有时，你会表现得好像你无法掌控它，但其实你可以！当消极想法出现时，你可以重塑它们。当然，你也可以改变或控制它们，你将在接下来的几页里看到具体方法。

怎么做

① 认识到思想只是头脑中的文字，它们受到你的情绪影响。

② 改变表达自己想法的方式，比如：

* “我不擅长这个”——“我的焦虑让我感到……”
* “我的脸/腿/身材很难看”——“我的低自尊让我感到……”
* “人们不喜欢我”——“我的低自信让我感到……”
* “我考试会不及格”——“我的焦虑让我对考试感到很沮丧”或“我害怕我可能会考试不及格”。
* “我永远找不到好工作或过上幸福的生活”——“我的焦虑让我担心未来，而不是专注于现在努力工作”。
* “我永远都比不上他”——“我习惯和他比较，这让我觉得自己不够好，但如果我集中精力做到最好，我就会取得更好的成就”。

挑战你的焦虑

有什么事情经常让你感到焦虑吗？你现在正在焦虑什么？这里有一个策略可以帮助你挑战焦虑，学会恰当地应对它。

怎么做

① 当你出现焦虑的想法时，问问自己以下问题，并仔细思考答案：

* 最坏的情况会是怎样的？
* 如果真的发生了，我应该怎么做？最有效的应对方法是什么？
* 谁可以帮助我？
* 最坏的情况发生的可能性有多大？
* 花多少时间考虑这种情况才是明智的？

② 思考之后，使用接下来的两种策略之一。

③ 如果你现在就感到焦虑，可以试试第 91—109 页其中一项缓解焦虑的“即时操作”。

选择关注的焦点

我们无法关注周围所有的事物，因此会无意识地过滤某些信息。即使两个人身处同样的境况，其关注点也会有所不同。情绪会影响一个人关注什么，反之亦然，如果你的注意力总是集中在负面事物上，比如令人悲伤、震惊或紧张的新闻报道，或总是在担心可能发生的事情，那么这些负面事物就会在你脑海中变本加厉，使你更加关注它们。

但是，你可以选择关注其他事情。

怎么做

当一个消极的、侵入性的念头试图占据你的大脑时，请给你的大脑安排另一项任务。例如：

① 如果你在户外，可以寻找鸟类、树木或昆虫。试着让自己找到一定的数量。

② 注意你的呼吸，你可以放慢或加快呼吸节奏，感受肺部充满了新鲜空气。

③ 你能从云朵中看出什么形状?

④ 如果你身处城市之中，你能看到多少不同类型的商店?

⑤ 你能在附近找到 4 种不同的树吗? 你知道它们分别是什么树吗?

⑥ 在你的卧室里，你能找到十件需要归纳的物品吗?

⑦ 你在家里能听到四种不同的声音吗?

⑧ 你能记住并写下每个家人的电话号码吗?

⑨ 随机写下一个十位数，然后记住它。

⑩ 记住一首歌的歌词。

叫停思考

你有能力不受消极想法的支配。把你的头脑想象成一所房子：你无法阻止人们按响门铃，但你可以做到不让他们进来制造麻烦。叫停思考这一策略就是阻止消极想法来攻击你，就像你举手命令道："停下来，不要动。"

但在我向你展示如何做之前，你需要了解，使用该策略一定要注意时机，如果时机不当，会适得其反。

如果你在错误的时间这样做，你事实上是在逃避，而长期逃避害怕的事情会让你的恐惧更加严重。请阅读下文中有关叫停思考策略应用时机的内容，然后进行练习。

开始之前

1. 当你有重要的事情要做，而你的焦虑在妨碍你完成任务或享受休息时光时，你可以试着叫停思考。

2. 当你意识到焦虑正在慢慢侵袭你时，你可以使用 START 方法中的叫停策略（见第 90 页）。一旦你能够叫停焦虑，你就能解决它。

3. 当你想要睡觉时，也可以练习叫停思考策略。

在以上情况中，你并没有逃避现实，只是暂时将其搁置，准备另选一个合适的时间处理。

叫停思考的小窍门

你读过上一页了吗？你确定自己不会逃避焦虑吗？你会控制它，而不是被它控制，对吗？那么，你可以尝试下面这个策略。

① 当消极想法或焦虑情绪出现时，请在以下方法中选择你喜欢的：

* 大声喊出或者在心里默念“停下来”。要坚定有力，仿佛自己掌控着一切，而且你也确实有这个能力。
* 想象面前有一个巨大的红色停止标志或一扇锁上的门。
* 想象你的“护卫犬”正在对这些想法咆哮。经过你的出色训练，它会完全按照你的指令行事。
* 坚定而平静地说：“走开，现在这里不欢迎消极想法。”

② 用一个更积极的想法替代它，这个想法应该与你的焦虑相关。如果你担心考试不及格，你的积极想法可以是“我会尽自己最大努力，这才是最有价值的”。这将在你的大脑中建立一条新的神经通路，你可以阅读第 175 页了解更多。

③ 为自己刚才所实施的策略感到自豪：你阻止了消极想法支配你的大脑！

提示

如果你喜欢用幽默的方式来应对消极想法或焦虑情绪，请阅读下一页！

朝自己翻白眼

在你说出某些话或做了某些事情后，如果有人对你翻白眼，你大概率会感到羞辱、尴尬、不舒服。那么，如果你对自己的消极想法翻白眼呢？那你就会让消极想法感到不舒服，它可能就不想再打扰你了。太棒了！

开始之前

这种方法只适用于毫无益处的消极想法，比如一个不断烦扰你的、常常出现的侵入性想法。如果你的某种焦虑实际上是合理的，比如你即将参加一场重要的考试，那么你最好不要朝自己翻白眼，因为在这种情况下适度的焦虑是有用的。

怎么做

① 在心中默念："看看，那个愚蠢又毫无意义的想法又来了，多么浪费时间！"想象一下你对它翻白眼或无奈摇头的样子。你没有对它生气，只是感到无聊和无趣。

② 想象一下这个想法看起来很滑稽的样子。也许它头上戴着一个巨大的红色交通锥，也许它穿得像个稻草人，也许它的皮肤是绿色的且带着粉红色斑点。

③ 挥手让它走开，对它说："你走吧，去别的地方玩吧，我在这里还有别的事情要做。"

④ 回到你真正想做或需要你专注的事情上。

提示

记住，这个方法不应该用来逃避你害怕的事情。就像叫停思考策略一样，这只是一种暂时控制注意力的方法。当你需要应对恐惧时，你可以使用这个方法。

自言自语

每个人都会自言自语，有时人们会直接大声说出来，有时只是在脑海中默默进行。自言自语的内容可能是完整的对话，比如回顾现实中发生过的对话，或想象未来可能会有的对话。多数情况下，只是一些零散的想法，比如“我好无聊”“我想吃饼干”“我一定要记得给他发信息”“妈妈今晚会不会很晚回家”，等等。

你的脑海中会经常出现自我批评的声音吗？

“我为什么要那么做？”

“我真傻，我应该更集中注意力。”

“我太紧张了，真是可笑，每个人都在嘲笑我。”

“我太蠢了，为什么我不能像他一样呢？他那么擅长演讲，而我却一无是处。我什么都不会。”

试问，你会对一位正在焦虑或沮丧的朋友说这些话吗？不会！所以，请你做自己的好朋友吧。

怎么做

① 当你有焦虑或消极的想法出现时，想一想，如果你的朋友处在相同情况下，你会对他说些什么。也许你会说：“这只是运气不好！别担心，如果你再试一次，大家会认为你很勇敢。你可以向我妈妈请教一些经验，因为她以前也觉得这些

事情很难。不管怎样，我真为你感到骄傲！”

② 提醒自己，你身边确实有人支持你，但最应该支持你的人是你自己。

③ 最后对自己说：“我可以做到。”

制作一个担忧盒子

担忧盒子是一个用来存放担忧或其他负面情绪的地方，这样你就可以在自己选择的时间段内去思考它们（也可能永远用不上）。它可以是一个真的盒子，也可以只是一个你脑海中的盒子。你可以随时把它扔进垃圾箱！

① 选择你想要一个真的盒子还是一个想象中的盒子。不管你想怎么设计它，只要有盖子就行。你可以在盒子上写下对烦恼的感受，或者用一种令人感到平静的图案装饰它。一切由你决定！

② 如果你选择的是一个真实的盒子，请把你的担忧写下来，放在里面。

③ 如果你选择的是一个想象中的盒子，请想象把你的担忧放进盒子里。

④ 盖上盒子的盖子。

⑤ 你可以选择盖上盖子，把担忧留在里面，或者在特定的时间拿出来某一个，给自己几分钟专门去担心它。之后，你可以在现实或想象中把它撕成碎片，扔进垃圾桶。如果你觉得以后还会担心它，也可以重新把它放回盒子里。

怎么做

提示

仔细想想你是否希望别人知道你的担忧。如果你不想，最好是使用想象中的盒子。

设置一个焦虑时间

当某种焦虑一直影响或侵扰着你时，为它专门留出一个时间段可能是个好主意——不是为了逃避它，而是为了控制你何时关注它。这样你就可以适当地关注它，但又不会让焦虑影响你的工作、休闲或睡眠。

① 查看你接下来 24 小时的日程安排，留出一小段时间来思考这种焦虑情绪，但是不要选择睡前！把这个时间在你的日程表或日记中写下来。如果担心别人看到，可以用拼音首字母替代。如果你想的话，也可以在手机上设置闹钟提醒自己。

② 在预定的时间之前，先忘掉它。如果这个想法试图提前闯入，那就做一些叫停思考策略的练习。另一方面，如果你发现自己有空闲时间可以比计划更早地处理这件事，那也没问题，只要这是你的选择。如果在预定的时间里有重要的事情发生，你也可以重新安排时间。

③ 当设定好的焦虑时间到了后，想想你将如何应对这个焦虑。你可以使用“头脑管理”部分（第 154—188 页）中的任何一种策略。你想写下

一些想法吗？也许你会考虑如何跟别人谈谈你的焦虑。

④ 当焦虑时间快结束时，提醒自己，就像会议或课程结束一样，你要准时停止思考它。放下它。你的任务完成了。

建立神经通路

当脑细胞之间的网络或神经通路被激活时，你的大脑就会产生一个想法。当你有一个新的想法时，就会形成新的连接，一条新的神经通路也随之建立。每次你重复这个想法时，这条神经通路就会变得更强，也更有可能被激活。

因此，一个想法出现的次数越多，就越容易产生这个想法，它将会变成无意识的习惯。如果这个想法是“我很擅长做这件事”，那就太好了，但如果这个想法是“没人会喜欢我”，那就会产生负面影响；如果这个想法是“哥本哈根是丹麦的首都”，那很好，但如果这个想法是“哥本哈根是挪威的首都”，那就错了。

最重要的是，你可以创造新的、更好的神经通路，从而创造更好的想法。

怎么做

① 思考正确或积极的想法，并经常在脑海中默念。

② 通过大声说出来、写下来的方式，不断强化这个想法，你可以用不同的声音、颜色或字体。很快，你就会确信哥本哈根是丹麦的首都。如果你认为“我是有价值的、有能力的、被爱的”，你也会对这一点深信不疑。

③ 当错误的或你不想要的想法试图再次出现时，运用你的叫停思考能力，并再次重复正确的想法。

应对恐惧症

如果你请专业人士帮助你克服恐惧症，他们几乎肯定会使用“暴露疗法”或“系统脱敏”，即一种基于心智的治疗方法。这种策略在你处于以下情况时会提供有效帮助：当你遇到害怕的东西并感到非常焦虑时，它帮你处理焦虑（干预），或从源头上帮你减少恐惧（预防）。以下是自我暴露疗法中的一个基本方法，但你操作时需要得到专家的帮助。

在开始这项活动之前，请先练习一下呼吸策略。

怎么做

① 想一想你可以尝试哪些暴露方式。例如，如果你有蜘蛛恐惧症，你可以看一张蜘蛛的照片吗？也许只是一张蜘蛛位于画面角落的图片，或者是一张很小的照片。

② 在看照片的时候，使用呼吸策略来控制你的恐惧反应。专注于你的呼吸，注意你的焦虑在逐渐减少，注意你是如何一边看着照片一边保持控制力的。在专注于呼吸的同时，说几遍“蜘蛛”这个词，这会一点一点地减轻你的恐惧反应。

③ 用同一张照片或其他暴露方式练习两三天，每天练习几次，你会发现每次练习都会变得更容易一些。

④ 加入一项稍难的任务，也许是一张更大的图片、一只更大的蜘蛛。过程中，继续使用你的缓解焦虑策略。

⑤ 逐渐增加暴露程度，直到你能够忍受与它近距离相处，甚至直接触摸你害怕的东西。

⑥ 为自己取得的任何进步感到骄傲，你的大脑已经学会处理曾经让你焦虑的事情了。

提示

逃避并不能减轻恐惧。如果你经常逃避，使用这个策略会对你有所帮助。

积极思考

你无法仅仅通过积极思考来改变物质世界，但你可以做很多事情来改变你的思维，从而改变你的感受，进而改变你的焦虑。面对任何情况时，你的大脑都可能会有不同的思维方式。如果你能推动自己采取积极的观点，你就能给自己更多的力量、控制力、信心和勇气，以及更少的焦虑。

对于某些人来说，在某些情况下，积极思考可能就是要告诉自己“保持乐观”。但很多时候，这说起来容易，做起来却困难得多。

最好、最简单的方法，就是采取一些实际行动来帮助你转换到积极的思维方式，这些行动将让你在应对各种情况时，拥有更多的信心和力量。接下来几页将为你提供这样的实用策略。

列举（或画出）你的快乐

这是一种有用、有趣的方式，可以帮助你把注意力放在更积极的想法上。

① 你可以选择在笔记本或小纸片上，或者一张更大的海报上完成。可以使用彩笔。

② 在纸的中间画一个笑脸，再添加一些细节，用它来代表你。即使你现在不想笑，也请在上面画一个大大的笑容。

③ 在这一页的空余部分，写下或画出让你感到快乐的任何东西。想想你有时会做的事情（即使你现在不能做），以及食物、颜色、人、动物、电影和喜欢的物品。

④ 一开始，你可能会发现很难想出什么事物。没关系，让你的大脑继续搜索一切能让你快乐的事物。

⑤ 花一些时间想想你写在或画在纸上的东西，里面有很多快乐。把注意力集中在你的感受上，感受你的笑容越来越灿烂。

怎么做

有什么好事发生?

这项活动背后有大量的研究支持。它有时被称为“三个祝福”，源自积极心理学运动的创始人马丁·塞利格曼（Martin Seligman）。积极心理学研究心理学如何预防问题，而不是等到心理疾病出现才采取行动。这个想法似乎显而易见，但以前并没有被广泛地理解。

怎么做

① 每天晚上留出时间做这件事。你可以一个人做，也可以与家人一起做，或者和朋友一起做。如果条件允许，你也可以建立一个“有什么好事发生?”小组。

② 写出这一天里发生的三件好事，例如：

* 任何你引以为豪的事情，比如认真学习或听课。
* 关于过去、现在或未来的任何积极想法。
* 你吃过的美味食物。
* 别人对你说过的任何美好的话语。
* 当你担忧时，别人说过的任何让你感到安心的话语。
* 关于自己或亲近的人的任何好消息。

③ 当你写下三件事后，花点时间想想它们，记住这种快乐的感觉。

④ 完成下一页的活动!

了解你的个人特质

除了“有什么好事发生?”活动，马丁·塞利格曼还提出了“性格优势”的概念，这是帮助你在你认为重要的领域内取得成功的个人特质。

你可以通过权威机构发布的在线测试或专业心理健康机构的线下测评，评估自己的性格优势。不过，这里有一个更简单的方法来评估你的个人特质。

怎么做

① 回顾你为前面一页活动写下的三件事。

② 想一想，为了做到这些事情，或关注、欣赏到这些事情，你使用了哪些心理技能或采取了哪些行动？你有没有努力学习且意志坚定？你认真倾听了吗？你展现出了坚韧或勇气吗？你具备好奇心吗？你能否克制自己不玩手机，专心做作业呢？你能避免做错事吗？你是否具备善意、同理心或使用了良好的社交技巧？你是否表达了对美食的欣赏？

③ 列出你认为自己具备的其他个人品质，而不仅仅是你今天运用到的品质。你可以尝试补充完整这些句子：“我擅长……”“我对……有信心”“我希望人们注意到我……”

④ 为自己骄傲!

提示

虽然你的某些性格特质看起来是固定的且难以改变，但你可以做很多事情来发展它们，并将它们运用得比现在更好。这一切都要从认识自己的性格特质开始!

积极的文字和图像

文字和图像对我们的心灵具有巨大的影响力。如果你花大量时间读、听或想负面的词语、短语或故事，看令人不快的、负面的图像或场景，你的情绪会不可避免地变差。

幸运的是，有一个简单、有效且免费的解决方案。你只需选择实施这个方案。

① 列出一系列积极的词语或短语，或者你喜欢的事物。把它们写在海报上，张贴在你的房间里，或者记录在手机上，又或者写在一个你能经常看到它们的地方。以下是一些建议：

* 我是个好人。
* 我是一个坚定的、有价值的、勤奋的人。
* 我爱……
* 我为……而骄傲。
* 我能做到。
* 巧克力、蛋糕、阳光、假期、生日、朋友、蓝天、大海、月亮、看书、拥抱……

② 当你发现自己的情绪变得消极或焦虑时，随时对自己说这些话。

③ 找到能让你展露笑容的文字和图像。将它们保存在手机的一个文件夹中，并给它命名，比如“快乐图片”或类似的名称。如果你平时不使用手机，也可以将它们打印出来，放在身边。

④ 每天看几次这些文字和图像。当你看着它们的时候，花一些时间让大脑沉浸在这些文字和图像带来的快乐之中。

回溯过去

我们总是在遗忘。情绪来来去去，想一想，其实我们去年或上个月的担忧早已逐渐消失。记住不良的情绪终将过去，这对我们来说是件好事。

① 回想一年前、两年前、五年前，或者任何先前一段困难的时间，当时你在担心什么？

② 那时候你是什么感觉？试着回忆一下你当时头脑中的话语，你对自己说过的话。你当时的感受和情绪有多强烈或痛苦？你那时是否觉得很难去思考其他事情？

③ 现在回想起当初的担忧，你感觉如何？它是否已经离你很远，变得很模糊或枯燥无味？这就是情绪经历的变化过程，它们会逐渐衰弱，失去了伤人的力量。这种弱化过程有时很快，有时会慢一些，但最终情绪都会变得没那么强烈。虽然未必会完全消失，但有时也能彻底释怀。

④ 利用这个认识来思考你现在担心的问题。提醒自己，总有一天你会觉得不再那么糟糕、焦虑或不安。

怎么做

朝前想象

当你对即将迎接的事情感到焦虑时，这对你会是一个很好的练习方式。每当我为一场演讲，或一个我预期会有困难和压力的重要活动感到紧张时，我都会这样做。

怎么做

① 想象这个事件结束后的情景。专注于某个特定的时间点，比如当天晚上、第二天，甚至仅仅五分钟后。你会有什么感觉？你会做些什么来庆祝或奖励自己完成了这件事情？

② 利用事件发生前的一段时间，确保你已经做了自己能做的所有准备，尽了自己最大的努力。你需要做些什么来让自己感觉更平静一些吗？（试试第 91—109 页的“即时操作”。）你需要食物和饮料来补充能量吗？你需要检查一下物品是否齐全或向老师请教问题吗？你需要和家长或朋友聊聊吗？做一些实际的准备工作会让你更有掌控感。

③ 当你做了所有力所能及的准备，就可以选择一项放松活动或一件能分散注意力的事情来做，并不断提醒自己，当事情结束时，你会因为自己的出色表现而感觉很棒！

直面恐惧

到目前为止，我一直在讲述如何减少焦虑、缓解焦虑以及让你的心态变得更平静。然而，应对恐惧的最好方法是直面它、挑战它，直到有所突破。因为有时候让我们感到焦虑的事情，也是能给我们带来成功机会的事情。

这里我指的不是那些普遍的焦虑，比如疾病，也不是我们偶尔会浪费时间去担心的“万一……怎么办”。我们对这些无能为力。我指的是那些积极但具有压力的事情。例如，尝试加入一个团队，参加一场舞台剧表演，在一场会议上陈述你的想法，选修一门有难度的大学课程，竞选成为班长或学生会主席。以下是一些应对这些挑战的好方法。

怎么做

① 想想看，如果你成功了，你会得到什么？如果失败了，你又会得到什么？这会让你明白挑战的意义。

② 现在想一想临近这个事件时你的感受。承认你可能要去应对的情绪和身体上的焦虑信号，以及你需要付出的努力。这是你准备工作的一部分。

③ 决定你将如何处理这些事情。你会使用本书中的哪些策略？

④ 集中精力为挑战本身做好准备。你需要付出哪些努力？你可以采取哪些行动，让自己最大可能获得成功？你可能需要谁的帮助？你希望得到谁的支持？

⑤ 最后，无论发生什么，都要为自己能正面应对焦虑而感到自豪。从此以后，你将一次又一次地做到这一点。有时候你会取得成功，那种感觉会很美妙！

管理社交焦虑和表现焦虑

在第 67 页，我谈到了生活中常见的社交焦虑，它可能是轻微的，也可能是比较严重的，有时会明显阻碍你在社交场合中展现自己应有的能力。即使你没有被诊断出患有社交焦虑症，你也会在被他人注视时感到不自在。这是非常自然的现象，几乎每个人都会遇到。这种反应既可能发生在社交场合，也可能出现在你必须在他人面前表演或展示的时候，无论是参加集体活动，还是在他人面前提问或回答问题，又或是进行一次演示、做一场演讲或其他形式的表现。

无论你的焦虑感是强烈的还是轻微的，无论你觉得这是生活中的严峻问题还是偶尔的不适感，以下几页的建议都会对你有所帮助。

如果你发现社交或表现状态让你非常痛苦，以至于你在学校或社交生活中不能充分发挥能力，请寻求进一步的帮助。

有一点可以肯定：回避社交或表现情境并不是一个好主意。你当然不一定要成为专业的表演者，但能够在必要时大胆表达或展示自己，仍然是一项能极大地增强自信心的生活技能。

因此，请继续阅读下面的策略，你将更轻松地应对这些情况。

交友小步骤

在第 141 页，我为你提供了一些社交的建议，但如果这些建议看起来太难实践，该怎么办呢？当你患有严重的社交焦虑症时，它们确实会显得很难。这里有一些建议，可以帮助你一步一步地变得更有自信，减少与他人交往时的焦虑。

怎么做

① 提问。这可以暂时减轻你的压力，而且对方可能会因为你表现出兴趣而感到高兴。比如你可以提问："你的上衣是在哪里买的？""你喜欢……吗？""你怎么看……？""你看到……吗？"

② 玩桌游。这意味着你们不必刻意找话题聊天，因为桌游提供了你们在一起互动的内容。

③ 如果你觉得自己不太擅长聊天，去别人家里做客可能会让你紧张，那么我建议你可以邀请朋友一起去购物中心或公园逛一逛。当你做这些事情时，你就不需要跟他们不间断地聊天。

④ 聊一些轻松的话题，例如彼此喜欢的音乐、电影或电视节目。

⑤ 如果你察觉其他人也比较安静，觉得社交场合令人生畏，可以看看你们能否找到相互支持的方

式。例如约定一起参加活动，或者给彼此设定一些小挑战。

⑥ 给自己设定一些小挑战！例如向店员询问一件商品，向陌生人问路，对一位同学微笑并打招呼，向一位老师主动问好等。

内倾性格者的焦虑应对小窍门

与外倾性格的人相比，内倾性格的人通常会觉得参与社交更疲惫、压力更大。内倾性格的人对喧闹声和人群更加敏感，更容易担心别人的看法，也更容易感到社交焦虑。因此，某些环境对他们来说是一个额外的挑战，比如学校场景，因为校园里总是充满了喧闹声和人群。

你的内倾性格是一种宝贵的特质，它有助于你善解人意、思考深刻、富有同理心、成为受人尊敬的领导者和出色的团队成员，但你可能需要一些额外的帮助来缓解社交焦虑。

怎么做

① 了解内倾性格，这样你才能更好地理解它，并恰当地肯定自己的性格。

② 不要完全回避社交机会，但要有选择性地参与。例如，相比于参加大型的集体活动，你可能更适合与一两个人共事，所以偶尔拒绝参与集体活动也是可以的。

③ 坦诚沟通。向你的朋友们解释有时你只是想独自一人，这并不是他们或者你的问题。如果你说出来，很可能会发现你身边的一些人也有同样的感受。

④ 接纳自己在众人面前发言会感到焦虑，把这当成一件很正常的事。这是大脑在用它的方式提醒你发言之前需认真思考，因此这并不是坏事。练习呼吸技巧可以缓解这种焦虑，帮助你控制好你的“护卫犬”。

⑤ 每当你成功表达自己并融入集体时，都要为自己感到骄傲。

⑥ 在生活中给自己留出安静的时间。在学校你可能得不到这样的时间，但要确保晚上和周末有足够的时间独处，放松休息。

不必在意他人

我们常常会以为自己知道别人看着我们时在想什么。大多数情况下，我们倾向于认为别人会以更负面的方式看待我们。其实，这种想法往往是错误的。

在现实生活中，大多数人并不会盯着你看，也不会被你激怒、嘲笑你或对你感到不满。他们可能偶尔会这样，毕竟有时你也会对别人有这样的想法，但随后你就会转移注意力，去想别的事情。和你一样，其他人心里也装着很多事。不是什么事情都围绕着你转！

如果你花太多时间担心别人是怎么想的，不妨试试以下建议。

怎么做

① 以让自己骄傲的方式去做事情，而不是去讨好别人。这样一来，关心你的人也会为你感到骄傲，他们才是对你来说重要的人。

② 记住，你认为正在看你的人也有自己的想法和担忧，他们也需要关注很多事情。你或许觉得自己做了什么尴尬的事，但他们可能早就忘了——假使他们真的曾经注意到。

③ 不要把自己看得太重要了。如果你担心别人在

看你，就对自己说：“又来了，我太把自己当回事了！”

④ 关注接下来你要做什么，而不是刚刚做过什么。

⑤ 别人对你的看法会发生改变。因此，如果你搞砸了，人们会看到，但他们也会看到你接下来做了什么——你可能会表现得很出色。

⑥ 展现你最灿烂的笑容！一个简单的微笑就能使得人们用友好和积极的态度来看待你，这是一种极其有效的方式。

来自团体的保护

虽然你可能会觉得置身人群是一个可怕的想法，但对于一个安静或害羞的人来说，与一群人待在一起确实很有帮助。在一个群体中，你不会成为（也不必成为）众人的焦点。

你可以融入其中，让别人表达，其他人会因为你的在场和支持而心怀感激。

团体活动也会帮助你从焦虑中暂时解脱出来，专注于当下的事情，而不是头脑中的思绪。那么，如何才能勇敢地迈出第一步呢?

怎么做

① 当有任何机会加入一个团队时，即使你内心下意识地想拒绝，也要试着努力迈出第一步。问问自己："如果我加入了，会有什么好处?"

② 如果你知道别人也要参加同一活动，建议一起参加。人们被邀请时通常都会很高兴，不过他们可能也会感到紧张!

③ 如果你对某项社交活动感到焦虑，请告诉成年人你想参加，但感到紧张。他们可以鼓励你。

④ 考虑与学校无关的活动。你愿意参加攀岩课程或电影俱乐部吗?

⑤ 请记住，安静的人和活泼的人一样有价值，一样能取得成功。有时内倾性格的人必须给自己多一点鼓励，去和他人建立联系。可能别人也和你一样，等着与朋友相遇呢！

提示

请回顾上一部分“不必在意他人”的相关建议。

尽早发言

这是个很棒的策略，适用于那些你觉得自己应该参与讨论，但又很紧张不敢开口的情境。比如你正在课堂上，老师希望每个学生都能发言，或者你作为课题小组的成员必须发表意见。如果在类似场景中你总是感到焦虑，发现自己紧张得冒汗，还表现出其他的焦虑迹象，那么试试这个方法吧。

怎么做

① 下定决心，早点提出你的问题或意见，你甚至可以率先发言。想象一下如果你做到了，那感觉会有多棒。

② 当你准备发言或举手时，注意任何焦虑的迹象，并对自己说："这只是我的身体对这种情况的正常反应，我正在迎接挑战。"

③ 运用你最喜欢的呼吸策略和着陆技巧。

④ 一旦你觉得自己稍微有点控制力了，就深深吸一口气，然后开始发言。不要等太久，即使你感到焦虑，你仍然可以做到这一点。

⑤ 你说什么几乎无关紧要，最重要的是你说了。一旦你发言完毕，在你平复情绪时，再次使用呼吸策略或其他技巧，为自己做到了这一切而感

到自豪。现在试着放松下来，花点时间倾听他人发言，并通过点头或者其他适合的方式参与其中。

⑥ 你甚至可能觉得自己可以再次发言!

演讲建议

大多数人都很担心公开演讲，很多人甚至讨厌它，但这是一项非常有用的技能，你做得越多，它就会变得越容易。幸运的是，有很多方法可以减轻你的焦虑，让演讲变得没那么让人难受。

怎么做

① 尽可能做好准备和练习。大声练习真的很有帮助，不断地说出这些话才是最主要的，这样你就会对语句非常熟悉。不必死记硬背，流畅自然的表达往往听起来更舒适。

② 如果你使用了笔记或提纲，只需要记住要点，而不要一字不差地念出来。如果你写下来的是你要说的每一个句子、每一个词语，你就有可能一直盯着它们看，或者在抬头时忘记接下来要讲的内容。通常最好的选择是提前把演讲要点记录下来，注意表达要简洁明了，如果需要打印，请使用清晰的字体和合适的字号。

③ 如果条件允许，请穿上让你感到舒适自信并且不易显露汗水的衣服。

④ 演讲前，使用呼吸策略来减轻焦虑，也可以抿一小口水。

⑤ 在开始演讲的前几秒，慢慢呼吸，润一润喉咙。

⑥ 看着观众，放松面部肌肉，面带微笑，仿佛你很高兴站在那里——即使你并不是真的开心！

⑦ 说话时保持目视前方，语速可以比平时慢一点，这样也能避免口干舌燥。声音要洪亮，你一定希望大家听到你说的每一个字！

⑧ 注意你做得好的地方，总结宝贵的经验。下次会容易一些，再下一次会更容易！

更多演讲技巧

上一页的建议对任何人都有帮助，但也许你还需要更多指导，以下是我的一些建议。

怎么做

① 和别人一起做演讲。这是练习公众演讲的绝佳方式，因为虽然有一半的时间你会感到焦虑，但是实际上你并不需要做任何事情——聚光灯不在你身上，但你仍在场。在这段时间里，你有机会学习控制自己的呼吸、心率和其他焦虑的迹象。你有机会练习如何应对焦虑，而无需同时进行演讲。当轮到你时，你应该已经准备好了。这样练习的次数越多，你就会变得越熟练，很快你就可以独立进行演讲了。

② 让听众做些事情。如果你提出一个问题，或让他们写下一些东西，或转向邻座讨论一个问题，就可以让焦点从你身上移开几分钟。这会给听众带来一点压力，而给你减轻一点压力！你甚至可以说："请所有……的人举手！"这往往足以让你感到更放松，对观众也很有吸引力。

③ 关于演讲主题，你是否可以用虚构或真实的故事形式来表达？如果可以从故事开始，你将会更放

松地进入演讲状态，而且故事通常更容易被记住——对你和观众来说都是如此。

④ 忠于自己。如果你不是天生的喜剧演员，就不要觉得自己必须幽默！如果你喜欢四处走动，那就四处走动。如果你不喜欢，那就不要这么做。不要觉得自己必须和别人一样，对别人有用的东西可能对你并不适用。你需要找到自己的风格。

管理你的工作和时间

工作任务繁重，时间却极为有限，这是引发焦虑的一个常见因素。无法按照截止日期完成所有工作的担忧时常占据了你的头脑，我对此深有体会！这种焦虑也会让你难以入眠，你躺在床上担心所有要做的事情，思考应该如何完成它们。

感到时间紧迫而产生的焦虑甚至属于一种特殊的压力，叫作“稀缺”。稀缺理论揭示：当你没有足够的时间、资源、金钱或食物时，你大部分的注意力都将被忧虑和焦虑占据。这会影响你的表现，增加犯错的可能性。

接下来的几页将为你提供针对时间焦虑的策略。

本书中其他减轻焦虑的策略对你也有帮助。

这几页的内容既不是放松策略，也不是分散注意力策略，只是给出一些合理的方法，帮助你应对诸多事务，减少焦虑。

梳理计划

在某些情形下，有个颇为有效的策略：仔细梳理所有占据你时间的事务。不妨思考，倘若对其中任何一项做出改变，是否能让自己感觉稍好一些？

① 列出未来一两周内，每天会占用你时间的所有事项。包括学业、社交、运动、旅行、吃饭、休息，即所有实际占用或应该占用你时间的事情。

② 把你的列表分成以下几类：每天花少于半小时处理的事情；花半小时到两小时处理的事情；花超过两小时处理的事情。

③ 现在把所有事情分成以下几类：必须做的、非常想做的、可以放弃或推迟做的。

④ 与一位朋友或成年人讨论，跟他们说明你想减少任务。有时候，他人的独到视角能挖掘出你忽略的机会，助力你更科学地规划时间。

⑤ 想想如何减少使用社交媒体的时间，以及任何你认为“白费”的时间。这并不意味着完全避免这些活动，我们需要正常的娱乐！但要诚实地评估它们所消耗的时间，思考我们应该如何提高工作效率，从而让自己可以放松。

⑥ 把你的想法写成一个计划，不必刻意追求太大的改变。

⑦ 请你的朋友或成年人帮助你实施这个计划。

提示

你能做的比你想象的更多。展望这段忙碌时光结束后的日子，借此机会好好照顾自己。同时，把你遇到的问题告诉你身边的成年人。不要让过度劳累损害你的健康。

任务分级

当人们在医院急诊科就诊时，就医的顺序有时候并不是按照患者到达时间的先后，而是根据其需求的紧急程度来决定的。医院一般会使用分诊系统，确立三种紧急程度。你也可以对自己的任务使用一个分级系统，这种策略特别适合于制订每日待办清单。

① 写下你认为今天应该做的所有事情，包括那些不一定要做但你想做的事情。

② 给每个任务标上 A、B 或 C，如下所示：

* A = 今天必须完成
* B = 理想情况下今天应该完成
* C = 并非今天必须完成

③ 给每个任务标上字母 L（重大任务）或 S（小任务），如果你想的话，也可以用 M 表示中等任务！注意，这取决于任务所需时间长短，而不是任务的难度或重要性。

④ 查看你的 A 类任务。你能在今天之内全部完成吗？如果不能，你必须首先告诉相关人员你遇到了困难，但你会尽力完成，或者寻求帮助。如果可能的话，让自己处在一个舒适的状态，想听音

乐就放音乐，然后全身心地投入到第一个任务中去。

⑤ 首先完成一到两个小任务，这会给你带来成就感。但是，不要把所有重大任务都留到最后，因为这会增加你的焦虑。

⑥ 如果可以的话，在做完一两个 A 类任务后，再完成一两个 B 类任务和一个 C 类任务，你会感到更加满足！如果做不到，也不用担心，毕竟它们不是必须完成的。

提示

如果你发现自己无法完成每天被要求做的事情，请告诉相关的成年人。你是人，不是超人。

时间管理

你是否经常计划好做作业，却把所有时间花在浏览社交媒体上？或者在一个任务上花费了太多时间，以至于没有时间完成剩余的任务？这并不意味着你缺乏自律，而是意味着你没有一个合理的计划，或者你没有给自己一个机会去实现你本来想做的事情。

我将在后面详细介绍如何避免过多沉浸在令你分心的事物中，包括你的手机。现在，让我们先来看看如何制订工作计划，掌握时间管理的技巧。

怎么做

① 在你开始工作之前，写下你需要做的两到三件主要事情，以及一些小事情，估算完成每件事情需要花多少时间。制订一个时间表，在完成每件主要事项的间隙，花几分钟处理小事。如果看起来无法实现，那就决定哪些任务最重要。如果你无法完成它们，也不要勉强，尽力而为即可。

② 准备好零食和水，让自己处在一个舒适的状态。确保家里没人打扰你，将手机放在视线之外并关机。

③ 设置一个计时器，定好结束第一个任务的时间。你可以试试第 212 页的“番茄工作法”。

④ 如果你的注意力分散了，就把它拉回来。不要自责，思想开小差是很正常的！

⑤ 当计时器响起时，为自己取得的成绩感到骄傲。如果还没有完成任务，也要坚持遵守时间表。

提示

阅读后面几页内容，了解更多时间管理技巧。你需要找到适合自己的方法。

做好准备，避免分心

人类天生容易分心。自我控制不是主要的解决之道，准备和行动才是。试试这些方法。

① 想一想有什么东西会分散你的注意力，比如查看手机信息的冲动、脑子里冒出来的想法、周围的噪音、其他人的打扰，抑或窗外景物的干扰。

② 在你开始工作之前，采取行动，最大限度地减少这些干扰。例如把手机放在房间之外，关闭所有不用的软件或设备，戴上耳机并播放熟悉的音乐，让自己沉浸在独属于自己的空间里。把这些行动变成每次工作前的习惯。

③ 使用计时器提醒自己什么时候可以休息一下，享受短暂的分心，最好再设定一个时间来提醒休息时间结束。

④ 考虑使用一款屏蔽 APP，防止你在工作时访问社交媒体。可选的 APP 一直在更新，通过上网搜索，你应该能够找到一款免费的软件。

提示

如果你选择限制自己使用电子设备和互联网，这种做法一定有助于你完成工作。而且，一段时间过后，你会发现这样做令人非常满足和放松。

番茄工作法

番茄工作法原指人们在工作计时中使用一种番茄形状的机械定时器。不过，番茄的形状在这里并没有什么特别之处（或许大家只是喜欢它的味道），你可以使用任何计时器！

根据番茄工作法的理论，我们可以在计时器上设置 25 分钟工作时间，再允许自己休息 5 分钟，这样我们就能更好地集中注意力。工作时间不一定非要是 25 分钟，但通常来说，这个时间不会让人感觉太长，又足以让人投入工作。情况通常是，25 分钟结束后，你还想继续工作。这真是一种很棒的感觉。

怎么做

① 准备一个计时器。你也可以直接使用手机，只要你关闭其他通知，还要记得手机本身就很容易令人分散注意力。使用简单的机械定时器也很好。

② 做好准备。确保你已经准备好第 209 页提到的时间表以及工作期间所需的一切，关闭所有不会用到的网页和软件。

③ 设置计时器为 25 分钟或你认为合适的时长。

④ 开始工作！在计时器响起之前，不要分心。然后你可以休息 5 分钟，记得同样使用计时器。休息

时最好去快走一下，必要时也可以在屋子里走一圈，但最好是到户外走走。

⑤ 开始另外一个 25 分钟的工作时段。每一工作时段被称为一个番茄时段，试试看你一天能完成多少个番茄时段。为完成的每个番茄时段感到自豪吧！

摒弃待办清单

我曾经是个清单控。但是后来，我发现工作类的待办清单存在问题，所以我现在只做非工作类的待办清单，例如购物清单、派对邀请清单、想读的书单等。

待办清单的问题在哪里？首先，它无法区分重大任务和小任务，这意味着我的待办清单可能同时包括“订购墨水”（小任务）和“编辑下一本书”（重大任务）。它们也无法告诉我什么时候该做这些事，随着事情的堆积，待办清单可能会变得又长又可怕，而且我会不断地往里面添加新任务，所以它将变得无穷无尽。

那么，我应该如何记住我的待办事项呢？我的方法基于效率专家戴维·艾伦（David Allen）所创立的“搞定一切”（Getting Things Done）方法。

怎么做

① 准备一份纸质的每周日历，也可以使用在线日历，你可以尝试给不同的任务设置不同的颜色。最重要的是，你需要有一个地方把任务与特定的日期关联起来，而不仅仅是把任务列出来。

② 当你想起一个任务时，就把它记录在日历上。

③ 每一个任务，无论大小，都应该有一个对应日期。如果记录在纸上，你可以用铅笔做修改；如果记

录在在线日历上，你可以随时调整任务安排。

④ 每天查看日历，只看当天要做些什么。你再也不会看到一长串可怕的任务清单了。

分解任务

如果你的任务之一是“复习历史”或“写一篇关于移民的论文”，你可能会感到非常畏惧或不知所措，也会觉得无从下手。如果这种任务让你感到焦虑，你就需要把它分解成一系列步骤，并确定你将在何时完成。

因此，虽然我目前的任务之一是“写书”，但实际上，我在日历上写下的任务是“写第一章”或“查阅参考资料”这样的事情。下面我来教你如何将这个方法应用到你的重大任务上。

怎么做

① 列出完成这个任务你所需的所有步骤。例如，对于一篇论文，你需要做的事情包括起草论文大纲、查找资料（通过书籍或网站）、做笔记、写初稿、改稿、再改稿、校对等。

② 按照你执行这些步骤的先后顺序列出清单。

③ 使用你的纸质日历或应用程序为每个步骤安排合适的时间段。

提示

这个方法几乎适用于任何看似艰巨的任务，它听起来非常简单。事实上它也的确很简单，但有时候你可能需要旁观者的视角来帮助你厘清思路！永远不要让对任务的焦虑压垮你：做几次平静的呼吸，然后一步一步完成任务。

拥抱健康的生活方式

你可能会惊讶地发现，健康的生活方式对你的焦虑水平会有很大的影响。以下的策略将使你感到身心更加强大，给你一种力量感和对生活的掌控感，并为你的身体和大脑提供正常运作所需的全部营养。

问题在于，当你感到担忧、苦恼和紧张时，你就很容易做出错误的选择——吃过量的甜食，不良的睡眠习惯，不停地刷社交媒体，而不是出去呼吸新鲜空气或与朋友一起玩乐。

其实，健康的生活方式并不难，而且见效很快。首先，你需要知道什么是健康的选择，然后你需要一些帮助，让自己更容易做出这些选择。你还需要明白，这些健康的选择会对改善你的焦虑大有裨益。相信我，它们会的！

现在，让我们来看看这些选择是什么，以及如何将它们融入你的生活。

关于运动的重要提醒

请确保你没有过度运动。如果有人指出你可能存在这种情况，请与成年人讨论。过度沉迷运动可能是饮食失调的一种表现形式，尤其是在你还想减重的情况下。如果你确实需要减重来让自己变得更健康，请听取医生和其他专业人士的建议。

让身体动起来

运动是促进身心健康的良药，对缓解焦虑既能够产生立竿见影的效果，也有长期的积极作用。它能消耗一种名为皮质醇的压力激素，刺激人体产生内啡肽，也就是一种属于身体的“快乐化学物质”。知道自己做了对身体有益的事，也能让你事后为自己感到骄傲。

但是，对于觉得运动有困难或不喜欢运动的人来说，这是一个难以接受的建议。这就是我不把这项策略叫作“运动”，而叫作“让身体动起来”的原因。它不一定是传统意义上的体育运动，也不一定需要具备竞技性，你也不一定要大汗淋漓或气喘吁吁。只要你愿意，你可以独自轻松做到。接下来的几页会给你一些建议。

如果你有某种身体障碍，限制了你参加我接下来建议的一些活动，请只关注那些你能做到的事情，并做出任何有必要的调整。

怎么做

① 每天至少连续活动身体 30 分钟。如果前一天活动了一个小时，第二天可以少活动一些。

② 如果能够站立，就请避免久坐。你可以经常起身，然后选择自己的方式，持续活动几分钟。

③ 选择多样化的活动方式。比如选择不同的活动，增强腿部、手臂或腹部肌肉的力量。那些让你稍微有点喘气的活动则有利于心脏健康。像瑜伽这样的活动可以让人更放松，而其他活动，比如足球则更能起到分散注意力的效果。多样化的活动方式意味着你会用到更多的身体部位，也避免过度锻炼某一部分。

④ 不要觉得自己应该喜欢某种特定的活动。就像书籍、食物和电影一样，每个人都有不同的偏好，但总有一样是适合你的。请阅读接下来的几页，了解更多建议。

放松的身体活动

以下是一些能让人放松的建议，不过当你需要高度集中注意力时，它们也可能会分散你的注意力。如果你想深入学习这些活动，可以参加系统的课程培训，也可以查找图书资料或在线视频。别担心，每个人都是从初学者开始的！

怎么做

① 瑜伽。通过伸展肢体和做出各种体式来增强力量，维持平衡，提高身体灵活性，保持心态平静。对初学者来说上瑜伽课是一个好的选择，这样你就可以学习瑜伽的基础动作和姿势，但如果你偏好自学，也是完全可以做到的。瑜伽有专门的器材，初学时你也可以使用家里的物品替代。

② 太极拳。中国传统武术，有助于锻炼者保持平和的心态，增强体力。和瑜伽一样，你可以选择在线学习或参加线下课程。人们通常在户外练习太极拳，但你不一定要这么做。此外，练习太极拳不需要任何设备。

③ 普拉提。看起来简单易做的强化肌肉的动作，但实际上核心肌肉群都在用力。它可以有效强化腹部、骨盆、背部、腿部和臀部的力量。与瑜伽和太极拳一样，它既能让人放松，又能分散注意

力，练习时需要关注呼吸和集中精神。

④ 拉伸和力量练习。如果你不想学习上述任何一种运动，你可以自己定制一套拉伸训练。在权威网站、专业运动类 APP 上搜索拉伸运动或健身训练，从中选择适合自己的动作，组成一套日常练习。

分散注意力的身体活动

如果你选择的身体活动需要高度集中注意力，那么它可能会分散你原本的注意力，而不是让你放松。以下这些身体活动都会提高你的心率，所以你在进行这些活动时，并不会真的感到放松，但你可以感到快乐、兴奋、渴望、勇敢和自信——这些积极的情绪对缓解焦虑都很有帮助！运动之后，你会感到真正的放松。

怎么做

① 参加有组织的体育运动，以团队或双人合作的形式进行，这也是培养新兴趣、新技能和新朋友的好方法，同时还能增强体质和减轻焦虑。可以是足球、篮球、网球、羽毛球等任何运动！你可以加入一个小组或社团，或者只是和朋友一起玩，你也可以向学校体育老师寻求建议，了解是否有相关活动。

② 选择可以一个人做或与他人一起做的运动。例如游泳、跑步、攀岩，或者在房间里跟着音乐跳舞，跟着在线视频健身等。

③ 寻宝游戏或定向越野，你需要与其他人一起做这项活动。虽然活动过程中的大部分时间你都不会气喘吁吁，但这并不重要，这仍然是一项身体活

动，而且非常有趣。

④ 参加运动课程。例如健身、舞蹈、体操、瑜伽等，参加课程有助于提升运动积极性，而且它可以成为你每周期待的事情。

提示

快步走也是很好的锻炼方式，但它通常不会分散注意力，因为你的大脑仍有空间让你继续思考担忧的问题。

非正式的身体活动

你可能会惊讶地发现，你其实经常在做身体活动！你做的身体活动有哪些呢？哪些活动你可以多做一些呢？

怎么做

① 步行上学，或走一部分的路。

② 走楼梯，而不是乘电梯或自动扶梯。

③ 每完成一个工作任务，就起身走一段楼梯，或做10次跳跃动作。

④ 在房间里跟着音乐跳舞。

⑤ 主动做家务。

⑥ 尽可能快地整理你的房间。

⑦ 主动帮忙打扫教室或办公室。

⑧ 去商店帮家人或朋友买东西。

⑨ 烹饪，这对手臂很有好处！

⑩ 练习翻跟斗。

健康的饮食选择

焦虑和饮食选择是相互影响的：焦虑影响饮食选择，饮食选择也会影响焦虑。

为什么焦虑会影响饮食选择？第一，焦虑占据了大脑大量的注意力，而这些注意力资源正是你做出良好决策所需要的；第二，当你情绪低落时，你会想要获得安慰性的食物，这些食物通常含有高糖、高脂肪或高盐，或者过度加工——当然，偶尔吃这些食物是完全可以的；第三，焦虑会让你时而恶心、时而饥饿，以致你可能无法均衡饮食；第四，焦虑可能会导致你睡眠不佳，从而影响你的饥饿激素，使你第二天想吃更多的糖、脂肪和过度加工的食物。

为什么饮食选择会影响焦虑？如果你摄入大量糖分，你的血糖水平就会迅速波动，这会让你感到心神不宁、出汗或晕眩，进而引发焦虑。我们还知道某些营养素会影响情绪，例如一些 B 族维生素会影响大脑功能，而确保摄入人体所需营养素的唯一方法就是保持多元化的饮食结构，包括大量不同种类的蔬菜和全谷物。最后，当你担心自己没有照顾好健康的身体和聪明的大脑时，也可能会产生负面心理影响。

怎么办？其实比你想象的要简单得多！请继续阅读。

重要提醒

不要给某些食物贴上“坏”或“好”的标签，但一定要认识到选择有些食物更好，健康的饮食是多样化和均衡的。另外，也不要过于纠结，因为食物不仅是我们的能量来源，也可以给我们带来乐趣。

哪些东西不能吃

有些食物和饮料会加剧身体的应激反应。如果你经常焦虑或心神不宁，可以想想你是否摄入了过多此类食物，并注意观察减少此类食物的摄入量后，身体会发生什么。

不吃什么

① 咖啡因。它能提高心率，让你保持高度警觉。咖啡因可以在人体内停留数小时，干扰睡眠，还可能会让人上瘾。

* 大多数咖啡和普通的茶（不包括花草茶和果茶）都含有咖啡因，可乐、能量饮料、巧克力和可可产品中也含有咖啡因。对于成年人，我们建议午餐时间后避免摄入；对于青少年，许多营养师都建议完全避免摄入咖啡因，尤其是能量饮料。

② 添加糖过多。有些食物，如水果天然带有甜味，吃它们是没有问题的。问题在于，当糖被添加到食品中时，便出现了所谓的“隐性糖”，这类糖的含量往往远超人们的想象。举例来说，两小片猪肉脯中的含糖量，可能多达 4.5 克，而根据《中国居民膳食指南》，成年人每天的添加糖摄入量最好控制在 25 克以下。

* 以下食品通常含有大量的添加糖：糖果、蛋糕、饼干、奶昔、冰沙、碳酸饮料、调味汁、番茄酱、罐头水果等。你可以随时查看配料表，按照要求，各种配料必须按含量高低的顺序排列，如果你发现糖在配料表顶部附近，就说明这种食物中添加了大量的糖。

哪些东西应该吃

世上没有能直接缓解焦虑的“神奇食物”，但部分食物富含特殊的营养素，科学家认为这些营养素对维持心理健康、稳定情绪、缓解焦虑很关键。而且，食用这些营养食物，会让你因悉心呵护了身体而减轻焦虑。

以下是一些可以尝试的食物，看看你能在饮食中加入多少种。

吃什么

* 水果，如牛油果、香蕉、芒果、橘子等。
* 深绿色蔬菜，如西兰花、菠菜、卷心菜等。
* 坚果，如杏仁、核桃、松子等。
* 豆类，如黄豆、绿豆、红豆等。
* 油性鱼类，如金枪鱼、沙丁鱼、鲑鱼等。
* 糙米、全麦面包。
* 鸡肉。
* 牛奶和无糖酸奶。
* 燕麦。
* 橄榄油或菜籽油。
* 番薯和玉米。

提示

如果你不能吃某些食物或讨厌它们，别担心！它们只是一些例子，你可以寻找其他健康的食物，也可以请教饮食健康方面的专家。

尝试在日常饮食里，纳入丰富多样的食物，尽情享受它们吧！

给睡眠一个机会

在应对焦虑的众多方法中，睡眠是最佳策略之一。但问题是，焦虑会让睡眠质量变差，而睡眠不足又会加重焦虑。所以，如果你因为焦虑而失眠，再强迫自己睡觉很可能会让你感到更加焦虑！

我可以通过两种方式来帮助你。首先，我会教你如何让自己更容易进入睡眠；其次，我会教你如何应对导致你失眠的焦虑。以下是一些基本要点：

怎么做

① 尽量保持每天在固定的时间睡觉和起床。除非身体不适，否则不要太早睡觉或长时间赖床。

② 养成睡前放松习惯。尝试每天在关灯前的一到两个小时内，以相同的顺序做相同的活动。

③ 在这段时间内，避免所有消极的睡眠因素干扰，只选择积极的睡眠因素。相关内容请参考后页。

④ 如果有一些事情让你产生了严重的焦虑，请把它们写在纸上，然后把纸折起来，放在一个你看不见的地方。

⑤ 上床后，可以看书或听音乐。除了纯粹的电子书阅读器之外，不要使用其他电子设备。

享受积极的睡眠因素

积极的睡眠因素，即那些能让人更轻松、顺利地进入睡眠状态的事物。你可以在关灯前的一到两个小时内做这些事情。在以下的事情中选择几件，并按照合理的顺序安排，让它们成为你新的睡眠习惯。

* 拉上窗帘，关掉主灯。只保留柔和的灯光，比如床头灯。
* 如果饿了，可以吃一点分量小、热量低的零食，避免过甜的食物。可以尝试一小块三明治、一个水果或一小把坚果。
* 可以喝少量的牛奶或花草茶。
* 淋浴或泡澡。
* 换上睡衣。
* 洗脸刷牙。
* 听轻柔缓慢的音乐。
* 想一想今天发生的好事，把注意力集中在积极的想法上。
* 使用薰衣草精油或助眠香薰。
* 做伸展运动或轻柔的瑜伽。

* 练习几分钟你喜欢的呼吸技巧。
* 整理好明天要用的物品，为早晨做好准备。
* 把衣服收好或折叠整齐。
* 写日记。
* 把心中的焦虑写下来，然后把纸放到屋外。
* 绘画、涂鸦或填色。
* 快乐阅读。

避免消极的睡眠因素

消极的睡眠因素，即那些会影响睡眠质量的事情。在你关灯睡觉前的一到两个小时内，尽量避免它们。一个理想的睡眠环境应该是安全、安静、黑暗并偏向凉爽的，就像一个宁静的洞穴。

- 日光和明亮的电灯。
- 电子屏幕。可以使用电子书阅读器，但不要看书籍以外的内容。
- 与家庭以外的人交流。建议暂停与外界的联系，关闭手机。
- 新闻。浏览新闻从来都不会让人感到放松。
- 咖啡因。睡前不要喝咖啡、茶和可乐。
- 能量饮料。
- 酒精。如果你是未成年人，那么你本身就不可以饮酒。如果你家里的成年人有睡前饮酒的习惯，请提醒他们，酒精会提高心率，缩短对恢复精力必不可少的深度睡眠。
- 争吵和压力。
- 提高心率的剧烈运动。
- 摄入过多的食物，尤其是辛辣、含糖或油腻的食物。

* 嘈杂急促的音乐。
* 噪音。必要时可尝试使用耳塞。
* 凌乱的卧室。
* 太热。
* 工作。至少在睡前一小时，最好在睡前两小时结束工作，这一点非常重要。

如何防止焦虑影响睡眠

我非常熟悉让我无法入眠的那些焦虑，有时这些焦虑几乎战胜了我。当我觉得它快赢了的时候，我就会起身做一些安静的事，比如在另一个房间看书，直到我感觉疲惫，然后再尝试睡觉。焦虑不可能永远获胜！

怎么做

① 不要看时间，这并不重要。

② 不要过度强迫自己入睡。当你的身心准备好的时候，睡眠自然会来。

③ 专注于放慢呼吸，放松肌肉。

④ 尝试前文中的冥想策略。

⑤ 做一些让大脑分散注意力的事情，而不是专注在焦虑上。你可以倒数数字，也可以说出你能想到的每个国家的名字，还可以回想快乐时光或计划有趣的事情。

⑥ 如果你已经躺了很久还是毫无睡意，那就起身做一些安静的事情（不要看电子屏幕）。过一会儿再回到床上，再次放松身体。

⑦ 别担心，偶尔一个睡眠不好的夜晚不会对你造成伤害。

提示

间歇性的睡眠不佳是很常见的，但如果这经常发生，并且让你感到不适或苦恼，请去看医生。在此之前，建议你先尝试本书中提到的方法！

合理使用电子设备

这与我之前关于睡眠的建议密切相关，但使用电子设备与焦虑还有其他联系，所以我在这里单独提出这一点。

我爱我的智能手机、平板和电脑。它们在无数方面都非常有用，但它们也会引发一些重大的问题，而你可能已经体会过这些问题了。因此，我们有时确实需要关闭这些电子设备。做到这一点很难，你可能需要一些帮助。在下一页中，我会给你一些建议。

首先我们要弄明白过度使用电子设备的问题是什么，以下是我认为最重要且与焦虑相关的几个问题：

1. 我们的电子设备非常容易开启，上面有太多有趣的内容，我们很难不去看它们。这意味着我们经常过度使用电子设备，包括在我们最好不要看它们的时候，比如在我们工作、睡觉或思考的时候。

2. 一旦我们开始滑动屏幕，就很难停下来，最终花费的时间往往比预期更长，留给重要事情的时间就变少了。事实上，过度使用电子设备正是影响青少年正常学习进度的重要因素。

3. 电子设备经常会给我们带来充满压力、导致焦虑程度上升的信息。我们在社交媒体上看到的东西可能具有极大的损害性，会降低我们的自尊。

提示

你身边的成年人很可能也应该少用手机及其他电子设备，所以请他们读一读这本书吧！

关闭你的电子设备

这个策略的简短版本只有一句话：关掉它们！但如果真的这么简单，我们早就实现了。那么，怎样才能让这件事变得更容易呢？

下面有些建议只适用于手机，还有些建议适用于不同的电子设备。请根据你的具体情况选择合适的建议，希望你可以拥有不被外界信息打扰的宁静时段。

怎么做

① 当你不需要使用电子设备时，把它放在你看不见的地方，最好是另一个房间。你越难拿到它，就越有可能不去想它。研究表明，把手机放在视线范围内会降低你的工作效率。

② 给自己安排一段“无屏幕时间”，并设置计时器。告诉自己为什么要这样做，以及要持续多长时间。

③ 制作一张写着“离线时间”的卡片，并且把它放在你面前。离线时间结束后，再把卡片收起来。

④ 试着告诉你的家人和亲密好友，你将离线一段时间，这样会有帮助。

⑤ 如果你必须在电脑上工作，并且需要联网，请至少关闭社交媒体网站这类诱使你忍不住浏览的内容，以保持专注。

⑥ 保持积极，拒绝消极。告诉自己不要去做某件事反而会让你更想去做，所以最好对自己说“我将做某件事”。例如，“我将离线工作一小时”比“我必须一个小时不看社交媒体”效果更好。

管理社交媒体

我之前提到过，社交媒体可能会降低自尊心，还会增加焦虑。当然，对有些人来说，这完全不是问题，但对其他人来说，这是个大问题。

造成这类问题的原因，可归为两类。

一类是，你经常在社交媒体上看到完美生活的样板。那些精心拍摄的自拍照，备受赞誉的成功事迹，美妙非凡的假期，以及精致发型、完美身材、时尚穿搭，还有各种精彩经历，无一不是经过编辑和滤镜处理的。这会让你觉得自身远不及他人，难以企及那样的“完美”。

另一类是，社交媒体上也存在非常阴暗、悲伤甚至恐怖的内容，这些负面内容会令你感到沮丧和无助。

怎么做

① 自我觉察。社交媒体让你感觉怎么样？如果它让你感觉糟糕，你就需要停止浏览。

② 与朋友约定，从晚上的某个时间点开始，把手机收起来。如果你知道他们也不在线，那么你就更容易保持离线状态，因为你知道自己不会错过什么。

③ 如果你的朋友不想加入你，那就自豪地做独特的自己吧！展现出最强大的自己，直接告诉他们社

交媒体对你的心理健康有害，你更想做一些不同的事情，一些能推动你人生前进的事情。相信自己，你具备远大的抱负，头脑聪慧，并且极具价值。

④ 如果网上发生的事情让你感到难过、焦虑或苦恼，请与一个你信任的成年人谈谈。

寻求支持

焦虑最糟糕的一点就是你会感到很孤独。你可能会觉得只有你一个人有这样的感受，其他人绝不可能理解你，你就像一根被急流冲走的树枝，翻滚而下，失去控制。

当你有这种感觉时，请一定要去了解你可以得到怎样的帮助，以及如何去获得帮助。你并非完全陷入绝境。因为，你不是一根会被轻易折断的树枝，你有自主能力，而且有很多援手伸向你，他们会真正帮助你，把你从急流中救出。

也许有人看起来不愿帮忙，那可能是因为他们手头事务太过繁杂，但总会有人愿意帮助你，我可以保证。我之所以能保证这一点，是因为我知道，至少我愿意帮助你，而我绝不是唯一想帮助你的人。

接下来的几页会告诉你如何在需要的时候获得支持。

寻找合适的倾听者

不是每个人都擅长倾听别人的烦恼。虽然大多数人都愿意帮忙，但他们可能不知道该说些什么。而且，不同的烦恼需要不同的倾听者，如果你找错了人，你可能得不到需要的帮助。在寻求支持之前，你需要考虑一些事情。

① 想一下你认识的成年人，比如父母、亲戚、教师、体育教练、辅导员以及其他成年人。他们当中谁可能会倾听你的心声？如果他们没有答案，他们是否知道如何引导你去找到你需要的帮助？

② 如果身边找不到合适的人，可以考虑拨打心理健康热线，或找当地的心理健康机构。

③ 在联系任何人之前，探索并练习表达自己感受的词语。请阅读下一项策略以获得这方面的帮助。

④ 如果是面对面与人交谈，请选择一个对方可以专心倾听的时间。如果你对此并不确定，你可以说想和他谈谈，并询问什么时间方便，也可以表示这件事对你很重要，你需要他有时间静下心来专注地听你讲一讲。

⑤ 你可以向朋友倾诉烦恼，尤其当你觉得他们可能也有类似困扰时。这个过程是友谊中珍贵的一部

分。如果你觉得朋友无法理解你，不能给出合理的建议，或者你面临的问题很严峻，那就先找一位成年人聊聊吧。

寻找合适的表达

表达自己并不总是那么容易，尤其是在我们情绪激动的时候。所以，花些时间琢磨如何清晰地表述自己，是很有必要的。

① 在你与他人交谈之前，请思考并回答以下关于你焦虑情绪的问题。

* 时间：你有这种感觉多久了？
* 频率：它有多频繁地困扰你？比如一天一次、偶尔、阶段性、一天多次，或者只是在晚上。
* 它影响了你生活的哪些方面？比如身体健康、家庭关系、学习成绩、注意力、友谊、自尊、情绪、睡眠、饮食、抱负、决策以及对未来的感受等。
* 你会用哪些词来形容你的感受？比如害怕、恐惧、紧张、焦虑、忧郁、悲伤、愤怒、困惑、不知所措、孤独等。
* 这些感受是被某些事情触发的，还是会随时出现的？是在你和朋友出去玩的时候发生的吗？还是在上网的时候？又或是听到别人争吵的时候？

怎么做

② 想一想你对这些问题的答案，你能用两三句话总结你的焦虑或担忧吗？试着写下来。

③ 想一想你希望的谈话结果是什么。例如，你想知道在哪里获得帮助吗？你需要得到安慰或应对策略吗？你想减少孤独感吗？

④ 当你和你选定的对象交谈时，记得把之前的笔记带上。

专业帮助

这本书肯定会对你有所帮助，但如果你觉得焦虑太过严重，或者焦虑阻碍了你的生活，使你无法取得成功，那么你就需要专业人士的建议。

阅读本书可以让你在三个方面获益。第一，你会了解什么是焦虑，知道有焦虑是自然和正常的；第二，在你找到真正适合你的专业建议之前，你可以根据自己的想法做出尝试；第三，当你遇到心理健康专家时，你能够清晰地描述自己的感受。如果你觉得需要进一步的帮助，这里有一些建议。

① 如果可以的话，请尝试和专业的心理医生谈谈。按照规定，医生不会在未经你同意的情况下，把与你谈话的内容告诉你的父母或监护人。除非医生认为你处于危险之中，他们必须对此采取行动，但他们也会与你进行讨论。

② 你可以拨打全国统一心理援助热线“12356”寻求帮助。如果你是青少年，还可以联系“12355”青少年服务台，这是一个由共青团中央设立，专门面向青少年提供心理咨询服务和法律咨询援助的平台。

③ 询问学校是否有心理咨询师。

关于药物

有一些药物有助于减轻焦虑，但医生在开处方时会非常谨慎，尤其是对青少年。青少年正在发育中的大脑对某些药物的反应与成年人的大脑不太一样，而我们对这方面了解得还不够。此外，有些药物还会导致依赖和成瘾。

抗抑郁药有时会用于治疗焦虑症，因为焦虑症和抑郁症往往密切相关，但这类药物可能会对青少年的大脑产生不同的影响。在使用药物之前，医生会首先尝试其他治疗方法。

出于这些原因，你需要明确了解一点：必须是具备资质的医生为你本人专门开具的处方（即使你认为自己的症状与他人相同），你才可以照方服药。谨遵医嘱服药，如果药物有副作用，或者你感到精神和身体上的症状恶化，请告知医生。

至于非处方药物，虽然你可以直接购买，但这并不意味着它们对人体是无害的。你应该在咨询医生后再尝试这些药物，因为它们可能会产生你不希望看到的副作用，或导致依赖，或与你正在服用的其他药物形成不良反应。

你选择的策略

现在是时候把你学到的知识整合起来了！你已经知道不同的策略会对不同的人起效，你也有机会自己尝试各种不同的策略。你可能已经选择出自己最喜欢的呼吸技巧和着陆策略，而且你可能经常会想："我喜欢这个方法，我觉得它对我有用。"但是，当你真正感到焦虑时，你要如何得心应手地运用策略呢？

怎么做

① 仔细查看所有策略，利用第 88—89 页的策略清单来引导你进行选择，你可以在纸上或电子设备上记录好对你有效的或你想尝试的策略。

② 找一张空白的纸，越大越好，然后把你选择的策略做成一张色彩鲜艳、醒目的海报。给这些策略分组，每组使用不同的标题，例如"即时操作"或"分散注意力"。

③ 你可以用任何你喜欢的方式装饰它，把它挂在或贴在你的卧室墙上。

④ 无论焦虑何时来袭，你已经准备好驯服它了！

写在最后

你已经学到了很多，走了很远的路！这是你新生活的开始：你可以运用你所学到的技能，每次使用这些技能时，你都会感到自豪。你会变得更善于管理你的烦恼，部分原因是随着年龄的增长你逐渐成熟，另一部分原因是你体验到自己确实能够应对烦恼和焦虑，还有一部分原因是你实践了从本书中学到的所有知识。

总结一下，以下是你学到的最重要的几点：

（1）每个人都会有担心和焦虑的时候，但你们中的一些人会觉得这是一个很大的挑战，也许是因为你们现在确实有很多焦虑，也许是因为你们的大脑对焦虑的反应更加强烈。

（2）焦虑本身并不是问题或疾病，但你的身体和心理对焦虑的反应可能会影响你的健康。它可能会让你感觉很糟糕，并对你的生活产生负面影响。这是一个你想要解决的问题，而现在你可以做到了。

（3）焦虑和恐慌不会真正伤害你，很多时候，只是你的身体对大脑认为存在的恐惧做出了过度反应。

（4）逃避你所恐惧的事情并不会减少你对它们的恐惧。诀窍在于学会管理自己的反应，这样你就可以直面挑战，战胜恐惧。你可以对自己的焦虑大声说：“不用担心！”

（5）一旦你理解了什么是焦虑以及它对你的影响，你就可以选择相应的策略来保护自己。有时你会选择放松活动，如呼吸技巧、着陆练习或冥想工具；有时你会选择分散注意力的活动，将你的注意力从焦虑转移到有用的、积极的兴趣或爱好上。本书已经向你展示了如何做出这些选择，并为你提供了许多想法。

简而言之，你已经知道焦虑就像一只你的私人“护卫犬”。起初，它并没有受过良好的训练，因此它对任何事物，甚至是很小的事情都会产生警惕，有时还会对你咆哮。如果你想逃离它，或者对它做出过度反应，它就更会对你紧追不舍、吠叫不止。

现在你要驯服你的“护卫犬”了，这样它才只会在面临危险时，用吠叫的方式来提醒你、保护你，并让你处在安全的状态。当你因它的吠叫而感到焦虑时，你要更仔细地观察它在吼叫什么，评估自己是否真的处于危险之中以及应该如何应对它。而通常情况下，你并没有真的面临危险。面对生活的挑战时，你将告诉“护卫犬”，你已经准备好应对这种情况了，现在请停止吠叫。而当危险真的有可能出现时，你的“护卫犬”将及时做出反应，之后你会掌控局面，并且对它说："现在请你冷静下来，我能处理好这件事情。"

你现在或许尚未察觉，但其实你完全有能力成为心灵的主宰。当然，有时候生活会给你施加挑战，让你感觉格外艰难，但你可以变得更强大、更自信，不断学习你需要的技巧。你可以应对焦虑，不必对它惊恐尖叫，也不必逃离它，而是尊重它、驾驭它，在它保护你的安全时与它共处。感谢它吧，优秀的"护卫犬"！

如果我能做到，你也可以。我可以，你可以，我们都可以。

放轻松，没有什么大不了。

那些关于焦虑的故事

你在本书中读到的几乎所有内容，要么是关于人们普遍体验到的焦虑，要么是关于你个人正在经历的焦虑。我深信，倾听他人的真实故事大有益处。那些真切体验过焦虑情绪的人，他们的感受与你我既有相似之处，也存在不同。聆听别人的经历，可以培养我们的同理心，帮助我们理解自己，也会打开我们的心扉。真实的故事意义非凡，它们能在你的大脑中构建起紧密有力的关联。

因此，在撰写这本书时，我向有过焦虑经历的成年人（包括自身有此经历以及孩子曾受焦虑困扰的人）询问，他们是否愿意分享自己的经验与想法。以下便是他们的回应，我对他们满怀感激。我已将所有真实姓名做了更改，只有第一个故事例外——那是我的亲身经历。

妮古拉·摩根——被倾听，是至关重要的需求

我会将自己定义为一个易焦虑的人。小时候，我服用过

一种如今已不再使用的抗焦虑药物。30 多岁时，一位心理咨询师对我的帮助极大，他让我意识到被倾听是至关重要的需求。我一直觉得自己是天生就容易焦虑，而非患上了疾病。对我而言，焦虑是敏感、善思、有抱负以及渴望追求更好的一种体现。我并不想改变自己的性格，只是希望能学会更有效的应对方式 。

我从阅读有深度的文字，以及与专家的交流中收获颇丰，还将所学用于自我观察，让自己受益。我明白了他人的行动、思考和感受方式与我并无二致。我也掌握了识别自身思维模式的方法，当我陷入焦虑时，我会提醒自己，当下的思维并不真实，并未反映客观的外在现实。我的焦虑通常源于对自己说过的话、做过的事感到懊悔，或是事情未达预期，而后焦虑情绪便会蔓延开来。

对我最有帮助的事包括：时常提醒自己关注自身及生活中的美好；投身大自然，享受自然之美；开展积极的活动，比如跑步、阅读、烹饪，或者花时间给自己做手部、足部按摩。我觉得，情绪调节恰似一场平衡的艺术——当发觉情绪过度偏向消极，比如陷入焦虑、悲伤、愤怒等负面状态时，我们需要主动采取积极的行动，让情绪天平重新归位至平衡状态。重点在于，我们得先察觉到情绪正在往错误方向偏移，接着要清楚哪些行动能将我们拉回正轨，然后付诸实践！

我向来觉得自己很不擅长放松，可有意思的是，我却能够教别人如何放松，这表明我显然是懂得放松之法的。最近，我做了一项测试，目的是测量我在尝试放松时心率的平稳程度。结果让我大吃一惊：我居然得了满分！说来有趣，在测试过程中，我想象着自己身处花园一隅，静静地观赏着身边的花朵、树木，还有远处的山峦。这件事让我意识到，我得记住一些看似再简单不过的事物，哪怕仅仅是默想自己钟爱的事物，其实都可以让我的心灵更加健康。

沙欣——我希望我更像我的女儿

在我成长的过程中，我无时无刻不在担心，担心美术课、体育课、考试成绩、我的容貌、父母的争吵、母亲的精神健康、我的友谊、我的未来——可以说我担心一切。焦虑一直伴随着我，我希望自己能更好地处理它，也积极尝试了园艺活动和谈话治疗。几年前，我曾接受过专门针对社交焦虑的认知行为疗法，它真的对我很有帮助。

最近，因为我 13 岁的女儿，我又想起了焦虑。她平时是个很放松自在的孩子，一次意外受伤后，她落下了很多课程。在她分阶段回归学校期间，她不愿意再去上某堂课，因为她觉得自己跟不上进度。我们认真讨论了这个问题，我丈夫建议她可以和朋友结伴去上课，她采纳了这个建议，结果还可以——虽然不是很好，但足以应对。我想，现在的青少年能够敏锐地感知自我情绪，还可以无拘无束地谈论他们的烦恼，这真的是一件令人欣慰的事情。

至于我女儿为何如此放松，我认为这是天性和养育的结合。我的丈夫平时从容而自信，在无形之中给女儿做出了榜样。为了陪伴女儿，我也做出了切实的改变，为她提供良好的经济支撑，与家人共同为她营造温馨和睦的家庭氛围。她是我和丈夫双方家庭唯一的孙辈，因此，她的祖父母、姑姑等也都非常关心支持她的生活。我想，是这一切成就了女儿坚韧而自由的品格。

作者观点：在孩子性格方面，遗传或许起了一定作用，但我完全认可孩子后天的成长环境具有重要意义，孩子会模仿家长和周围的成年人。沙欣的女儿能在家人的支持下感到安全，这对她很有帮助。无论年龄大小，我们都需要别人的支持。

玛丽——惊恐障碍吞噬了我的青少年时光

我第一次惊恐发作，是在 10 岁那年阑尾切除手术之后。从那时开始，惊恐障碍便缠上了我，吞噬了我的青少年时光。如果没有得到及时治疗，它很可能会发展成抑郁症。好在 18 岁时，一位医生和他为我开的抗抑郁药，把我从困境中解救出来。

要知道，惊恐障碍在 1980 年才被认定为一种病症，而我于 1954 年发病时，医生对此毫无概念。几年前，一次搬家给我带来了巨大压力，我又经历了一次严重的惊恐发作。

所幸，我现在服用的抗抑郁药效果显著，能有效缓解症状。

作者观点：抗抑郁药对治疗焦虑症有较好的效果，但它们对儿童和青少年会产生不同程度的副作用，因此只有经过谨慎的评估，医生才能开具处方。未经医生诊断，请勿自行服用药物。

埃玛——以前能轻松做到的事情，现在却让我焦虑

两位亲友的离世，再加上一位家庭成员突发重病，这一连串沉重的打击使我患上了广泛性焦虑症。有朋友觉得，我的情况或许已达到轻度的创伤后应激障碍，可遗憾的是，我从未得到过正式诊断。

我的焦虑已远不止对疾病与死亡的恐惧（尽管这绝对是其中一部分），我开始察觉到，许多原本平常的事如今对我都变得极具挑战性。比如长途驾车，曾经是我常做的事情，可现在每次出行前，我都必须给自己做很久的心理建设。最符合我当下心理状态的描述，便是时刻处于“等待另一只鞋子掉下来”[①]的紧绷之中。那种感觉，就好像我脚下的地毯被骤然抽离，所有的安全感瞬间化为乌有，真是太可怕了！

后来，对我有所帮助的事情很多：户外活动，在森林

① 英语俗语，比喻在等待另一件不可避免的坏事发生。

里散步或在花园里工作；感恩，列出生活中所有进展顺利的事情；呼吸练习；躺在按摩垫上练习冥想或聆听大自然的声音；善待自己。

我通常会使用三角呼吸法的变体。有时，我会把手放在胸口上，在心里重复某个语句，比如“我很安全”。我认为呼吸练习的关键点在于，意识到紧张的状态会导致呼吸变浅，我们需要学会关注自己的身体需求，有意识地放松身体。

作者观点：生活中那些令人痛苦的事件，可能会导致原本并不容易焦虑的人患上焦虑症，并且这种焦虑与导致它的事件之间，往往没有明显的直接关联。埃玛讲述了一个清晰的案例，展示了一个人是如何因为种种事件而陷入担忧链条之中的。当然，她还展示了如何巧妙地运用积极策略来改善这种状态。

亚历克斯——在学校传授呼吸技巧

我曾深受焦虑症困扰，后来发现，保持良好的睡眠习惯、坚持锻炼、练习呼吸技巧以及进行冥想，都对我大有裨益。身为一名教师，我也接触过许多受到焦虑困扰的青少年。我发现他们往往高估了问题的严重性，同时又低估了自身所具备的应对能力。针对这种情况，我会帮助他们挖掘自身的优势与技能，集思广益探讨可能的解决办法，并纠正那些不健康的思维模式。我们还会尝试各种各样的应对策略，帮助他们找到最适合自己的方式。实践证明，参与一些富有创意的活动，能够有效舒缓身心。

在学校里，我经常教学生练习呼吸技巧。我向他们展示了很多不同的呼吸方法，其中我特别喜欢热巧克力呼吸法，因为它强调了长时间呼气的必要性。我还喜欢 4–7–8 呼吸法、正方形呼吸法和五指呼吸法。

我认为，我们在关注青少年心理健康方面所做的工作比几年前要好很多。尽管如此，仍然有很多孩子持续受到焦虑症困扰，而心理健康服务无法完全满足他们的需求，这说明我们的工作需要继续深入。

作者观点：很高兴看到一位教师利用自己克服焦虑的经验来帮助学生。你可以回顾前文关于呼吸技巧的内容。

萨姆——我希望让她自己设定目标

几年前，我的女儿珍妮曾遇到严重的焦虑问题，虽然没有明确的触发因素，但学校辅导员认为这可能是她对父母离婚的延迟反应。那时，她迷上了喝水，不停地喝，直至呕吐。无奈之下，我让她暂时退学，规定她每 10 分钟只能喝 20 毫升水。起初，这对她而言非常困难，好在经过努力，她最终成功克服了这个问题。在过去几年里，她的焦虑程度大幅度降低。

后来我们都感染了新冠病毒，我因身体严重不适无法照顾她，她也不能和我生活在一起。于是她的焦虑水平再次上升，学业上也感到十分吃力，我便让她减少上学的天数，给她足够长的适应期，再逐渐恢复她正常上学的节奏。现在，她在学校里的表现很出色，但在家里时，她的焦虑水平似乎还在上升。我感觉她的焦虑就像一个软软的球——你只要用手一捏，两头就会鼓起来。

用“厌学”或“学校恐惧症”来描述珍妮的问题并不恰当，毕竟问题的根源并不在学校。她的舒适区似乎会时而扩大、时而缩小。当舒适区变得很小时，任何事都可能引发问题。有一回，珍妮放学后我要去看牙医，由于疫情，医院不让她陪我进诊疗室，她只能坐在候诊室。虽说她坚持下来了，可难受得不行。但换作其他时候，她可能根本不会在意。所以，我觉得她患的是广泛性焦虑症。因为每周都需要上五天学，所以学校对她而言就自然成了面临的最大挑战。

她一直在儿童和青少年心理健康服务（CAMHS）的候诊名单上等待着。她存在一些特定的诱发因素，这些因素似乎很难消除，比如刷牙后吐出漱口水就是其中一项。她无法正常完成这一动作，所以每次她刷牙时，我都要握着她的手。她还有非常严重的呕吐恐惧症，这是她在学校面临的又一个棘手问题。

我们发现，寻找能让我们开怀大笑的事物，对缓解情绪很有帮助。为此，我们去了迪士尼乐园。在那里，各种游乐设施状况频出，然而“星际旅行”项目却意外地很受欢迎，就是因为它充满了幽默元素。

我非常希望让她自己设定目标。只要给她足够的选择空间，她通常会挑战自己。她对学期末的演出感到非常紧张，有时不得不缺席排练。后来我告诉她的班主任，表示希望珍妮可以有权选择不参加演出，于是班主任就安排她负责在排练时操作 CD 播放器。到了演出的日子，她爸爸发来一段她和大家一起唱歌的视频。我知道，这是因为她拥有选择权后，可以更好地为自己设定目标。

我确实觉得，有时候一些人出于好意，会坚持让孩子们“试一试”，但这反而让孩子们更加焦虑。如果你对孩子说“你不必非要这样做”，让他们相信这并不是一件天大的事情，那么他们的焦虑就会少一些。

作者观点：萨姆对珍妮的焦虑症有着深刻的见解，希望她们能尽快预约到专业的心理咨询服务，让专业人士来指导珍妮如何应对日常生活中那些令她困扰的事情。目前来看，做一些让自己开心的事情以及设定个人目标都是不错的策略。当珍妮越来越多地体验到自己可以完成很多事情后，她的应对能力也会越来越强。

康纳——我的家庭医生告诉我这很常见，我被治愈了

在我 30 岁左右的时候，我深受焦虑症困扰。有趣的是，我并没有正当的理由。我住在国外，有很好的工作、朋友和生活方式，也经常参加体育活动和社交活动。在那段时间之前，我已经谈过几次恋爱，可依旧单身。坦白地说，尽管我身边有很好的朋友，但我还是感到孤独。

这种孤独和焦虑的感受，大多出现在我参加大型聚会后的第二天。孤独感逐渐袭来，我开始怀疑人生方向，对工作稳定性、自身技能、自信心，以及能否找到真正的爱人而感到焦虑。那时候，精神疾病是个禁忌话题，我不敢向任何人倾诉，这让情况雪上加霜。焦虑给我带来了严重影响，我会惊恐发作，变得极度不自信，吃不下饭，在社交场合容易出汗，还时常感到迷茫。

在一次回家探望亲人的时候，我的人生有了转机。当时我状态极差，不得已推掉了一场社交活动。我向姐姐倾诉了内心的痛苦，随后去看了家庭医生。这位医生十分肯定地告诉我，我患上了焦虑症，还伴有惊恐发作的症状。他说这很常见，并且表示可以通过药物治疗来防止病情恶化，这番话让我如释重负。此前，我一直担心自己会失控，担心永远无法治愈，而医生的话驱散了这些阴霾。实际上，我最终并未采用药物治疗，但有人引导我以科学的视角去认识焦虑症，这在很大程度上帮助我恢复了健康，让我重新找回自信。

作者观点：康纳说他“没有正当的理由”感到焦虑，其实，他所说的感到孤独和担心未来都是充分的理由！许多人都会想：“我已经很幸运了，我不应该感觉这么糟糕，我一定是太愚蠢或者疯了！”并非如此，这只是我们生而为人的正常反应——迷茫和孤独。我很高兴康纳和他的姐姐有过交流，而且他的医生很出色。请注意，康纳没有服药，这对他来说是个不错的决定。但是，这都发生在他咨询了一位富有同理心的家庭医生之后，无论是否选择药物治疗，都一定要严格听从医生的指导与要求。

黛安娜——我能够识别自己的触发因素

我 10 岁时被诊断出患有严重的焦虑症，我经常会过度换气、身体颤抖、双手痉挛。20 多岁时，一位医生向我解释了病情，还帮助我通过练习呼吸技巧来控制焦虑。到了 30 多岁，我的焦虑发作次数减少很多，但是发作时又出现了新形式，比如极度的胃部不适和偶尔的恶心，而我毫无办法。

30 岁之后，我已经能够敏锐地识别出触发焦虑的因素，也能够为可能来临的焦虑做好更充分的准备。医生曾对我说，与其任由惊恐发作在心底暗自发酵，不如让它显现出来，只有这样，我们才能知道该如何控制它。这番话令我恍然大悟——原来焦虑是很正常的，只是它的表现形式因人而异罢了。

我的焦虑症往往在经历压力之后发作，有时还会延迟几天才出现。每次发作都是从胃部开始，所以我总是能立刻意识到自己即将陷入焦虑发作的状态。恶心的感觉会逐渐强烈，随着这种感觉蔓延到颈部和脸上，我的脸会变红，伴有刺痛感，有时视线也会变窄，还会出汗。一旦察觉到第一个症状，只要条件允许，我就会立刻离开当下的环境，进行呼吸练习和拍打疗法，以此释放情绪。通常情况下，我能较快恢复正常状态，但在接下来的 24—36 小时内，我仍然能感觉到身体内部的变化。

很多年前，我开始接触拍打疗法，我发现它确实对我有帮助。我也曾是一名按摩治疗师和培训师，因此我学会了如何进行面部穴位按摩。如果我觉得头痛或感到有压力，我就会使用这种疗法。

我的医生帮助我认识到，焦虑是一种自然反应，我不必害怕它。一旦我识别出自己的触发因素，我就会为潜在的、让我感到有压力的情况做好准备。此外，我还掌握了在公共场合应对焦虑发作的方法。我从未觉得自己是焦虑的受害者，也从未让焦虑局限我的生活。

作者观点：黛安娜的经历很有趣，因为她的焦虑在实际的触发事件发生后很长时间才会显现出来，而且她的症状具有强烈的身体特征。在出色的专业帮助下，她逐渐了解自己的个体焦虑反应，并做了更充分的准备，能够减轻这些焦虑反应。拍打疗法（见第 129—130 页）也对她有所帮助，因此她不需要药物就能管理这种较为严重的焦虑。她的焦虑症状并没有阻止她过上充实而精彩的生活。

通过阅读以上内容，你可以看到，许多成年人都有过各种不同的经历，他们不仅深化了自我认知，还掌握了很多应对焦虑的知识。在他们的学生时代，他们还无法得到足够的建议或帮助，但现在不同了，你可以得到很多支持。与我这一代人相比，现在的年轻人对焦虑症及其治疗方法的了解要丰富许多。因此，尽管社交媒体和现代生活的各种压力对年轻人造成了许多困扰，但与此同时，也有很多人能够并愿意倾听你，并分享他们的心得体会。我们都在这里支持你。

致谢

我衷心地感谢所有与我分享焦虑经历的人，他们为本书奉献了力量。

感谢心理学家薇·弗莱尔博士（Dr Vee Freir）的专业和共情。

感谢伊丽莎白·罗伊（Elizabeth Roy），自 2001 年起，她就担任我的文学经纪人，她的话语总是能够缓解我的焦虑。

这些年来我聆听过不同年龄阶段人们的声音，并向他们学习，对此我心怀感激。因为你们，我对人性有了更深刻的理解，所以你们都是这本书不可或缺的一部分。

后　记

有一本书终于要出版了，它的名字叫《放轻松，没有什么大不了》。

只看这本书的名字，就会让你感到一阵轻松。

在这本书的前言中有一句话，可以说是对这本书的一个概括："你将学会直面你所焦虑的事情，并对自己说，即使是再强烈的焦虑，也不能压垮你，更不能阻止你过上美好、幸福、有意义的生活。"

多么令人欣慰的话语！

我受邀为这本书写一段介绍文字，或曰后记，我乐意为之。

这本书是我的两个弟子翻译出来的，一个是麦锦丽，一个是韦俊超。他们翻译出来之后，我们对译稿做了审校。因此我熟悉这本书，并且觉得这是一本值得所有人读的书——不管是成长中的青少年，还是养育孩子的父母，学校里的老师，亦或是从业的咨询师……所有人。

后 记

本书谈论的是一个存在主义议题，即焦虑。任何人的人生都无法避开焦虑，每个人都需要学习理解和应对焦虑。

在西方哲学、心理学的发展历史中，存在主义哲学家克尔凯戈尔对焦虑这个人类的核心话题有过深刻的论述（《焦虑的概念》），精神分析疗法的创导者弗洛伊德也对焦虑有专门的研究（《精神分析引论》），受到克尔凯戈尔和弗洛伊德的影响，被称为美国存在 – 人本主义心理学之父的罗洛 · 梅对焦虑有综述性的全面研究（《焦虑的意义》）。二十多年前，我在美国修读心理学，硕士论文的主题便是对恐惧与焦虑的研究，我也深受上述几位思想者的影响。

许多年后，我接触到这本《放轻松，没有什么大不了》，对之情有独钟。我发现，它不是一本深邃的哲学和心理学论著，读者根本不需要学术训练就可以阅读此书并且从中得益。我在阅读书稿的过程中，发现这本书非常接地气，对焦虑的描述简洁而生动，还提供大量应对焦虑的方法，都具体有用，可操作，可练习，会产生立刻的效果。作者对焦虑的解释和策略使用的方法，非常符合我从事心理咨询工作的经验。因此，它也是咨询师可以用来帮助来访者理解和应对焦虑的好书。

我推荐这本书，并且相信，这本书会帮助你摆脱焦虑的羁绊，过上放松、自由的生活。

王学富

南京直面心理咨询研究所